Kerstin Höfkes

Katzen-sprache

So verstehst du dein Tier

Mit den wichtigsten **Dos** & **Don'ts**

KOSMOS

Inhalt

Die Reihe mit den Dos & Don'ts

⟶ **Auf einen Blick** Die Dos & Don'ts geben dir einen schnellen Überblick, um das Wesentliche auf den jeweiligen Seiten zu erfassen. Auch in den Umschlagklappen findest Du vorne alle wichtigen Dos und hinten alle Don'ts im Umgang mit deiner Katze.

Mit allen Sinnen

So orientiert sich deine Katze

Faszination Katze

⟶ Unabhängig, eigenwillig und mysteriös oder anmutig, elegant und faszinierend sind typische Assoziationen, die häufig mit Katzen in Verbindung gebracht werden und die gegensätzlicher nicht sein könnten. Einerseits eine perfekte Jägerin, die ihre Beute schnell und präzise tötet, und andererseits ein schnurrendes, zauberhaftes Wesen, das einen allein beim Anblick dahinschmelzen lässt.

Familienmitglied Katze

Im Gegensatz zu früher leben Katzen heute viel enger mit uns Menschen zusammen, und erfreulicherweise hat sich in den letzten Jahrzehnten durch den Zugang zu Wissen und moderner Medizin einiges geändert hinsichtlich der Haltung und Bedürfnisse dieser wundervollen Tiere. Sie sind Familienmitglieder, Freunde und Vertraute und begleiten uns über viele Jahre. Sie bringen uns zum Lachen und genießen intensive Kuschelmomente. Sie trösten uns, wenn wir traurig sind, und kümmern sich liebevoll, wenn wir krank sind. Es ist sogar wissenschaftlich erwiesen, dass Katzen uns in vielerlei Hinsicht guttun.

Mythen und Missverständnisse

Und obwohl Katzen heute so eng mit uns Menschen zusammenleben, ranken sich immer noch zahlreiche Missverständnisse und Mythen um sie – vor allem auch rund um ihre Körpersprache und Kommunikation. Manche Verhaltensweisen werden fälschlicherweise als aggressiv empfunden, Katzen werden als Diven oder dominante Machos bezeichnet oder gelten als unnahbar, rätselhaft und eigensinnig. Umso schöner ist es, dass du dieses Buch in den Händen hältst und mehr über die Katzensprache erfahren möchtest. Denn unsere Katzen haben ein Recht darauf, gesehen und verstanden zu werden und ein glückliches, zufriedenes und bedürfnisgerechtes Leben im Einklang mit ihren Menschen zu führen.

Perspektivwechsel

Das Verständnis für Körpersprache und Kommunikation der Katze lässt uns ihre Handlungen und Bedürfnisse verstehen und ermöglicht einen respektvollen und achtsamen Umgang. Zunächst müssen wir uns bewusst machen, dass Katzen sogenannte Beutegreifer sind, also kleine Raubtiere, die ihren Instinkten folgen und für die Jagd mit beeindruckenden Sinnesleistungen ausgestattet sind.
Ein Superlativ jagt hier den nächsten. Um die Katzensprache und damit deine Katze zu verstehen, tauchen wir also zunächst in die Welt der Katzensinne ein, denn diese unterscheiden sich zum Teil erheblich von den Leistungen unserer Sinne, und nur wenn wir uns auf diesen Perspektivwechsel einlassen und lernen, wie Katzen ihre Welt wahrnehmen, können wir ihre Reaktionen und ihr Verhalten in bestimmten Situationen verstehen.

Es ranken sich noch immer zahlreiche Mythen und Missverständnisse um unsere Katzen.

Um die Katzensprache zu verstehen, müssen wir uns auf einen Perspektivwechsel einlassen.

Ist Lenny wütend, irritiert oder fokussiert? Die Katzensprache ist sehr vielfältig.

Süß schaut er aus, wer würde ihn nicht gleich streicheln wollen. Doch ob das eine gute Idee ist?

Alles in Balance

⟶ Katzen sind wahre Kletter- und Balancierkünstler und dabei absolut schwindelfrei. Diese Balance verdanken sie gleich mehreren Eigenschaften: Ihr gesamter Knochenbau und die Wirbelsäule sind sehr elastisch und biegsam, wodurch sie gleichzeitig eine besondere Beweglichkeit und Geschmeidigkeit erreichen. Durch das rudimentäre Schlüsselbein ist die Schulterpartie der Katze so flexibel, dass sie sich durch kleinste Öffnungen schieben und Sprünge perfekt abfedern kann. Mit ihren kräftigen Muskeln in den Hinterbeinen springt sie mühelos aus dem Stand das bis zu Fünffache ihrer Körpergröße.
Sie verwandelt jeden noch so schmalen Steg in einen Catwalk und stolziert den Weg entlang. Dabei schaut sie ganz entspannt nach rechts und links und beobachtet ihre Umwelt, ohne darauf achten zu müssen, wo ihre Pfötchen hintreten. Ihr langer Schwanz gleicht die

Mühelos balanciert Lenny über den schmalen Steg, ohne darauf achten zu müssen, wo er hintritt.

Bewegungen beim Laufen wie ein Balancierstab aus und rotiert bei Sprüngen wie ein Ruder, um eine sichere Landung zu gewährleisten. Auch Katzen haben ein Gleichgewichtsorgan im Innenohr, in dessen Flüssigkeit Kristalle schwimmen, die wie bei einer Wasserwaage stets die Position des Körpers zum Boden überprüfen.

Der Stellreflex

Man sagt zwar, dass Katzen immer auf den Pfoten landen, das stimmt aber nur zum Teil. Katzen ist der sogenannte Stellreflex angeboren, der es ihnen ermöglicht, sich bei einem Sturz so zu drehen, dass die Pfoten nach unten zeigen. Fällt eine Katze also mit dem Rücken zuerst, dreht sie zunächst den Kopf und nach und nach den Rest ihres Körpers. Um sich auf diese Weise drehen zu können, braucht die Katze jedoch eine Höhe von etwa 2 Metern. Bei kürzeren Distanzen klappt die Drehung nicht vollständig und die Katze kann sich beim Sturz verletzen. Ist die Distanz größer als 2 Meter, kann sich die Katze zwar vollständig drehen, aber die Pfoten können beim Aufprall das Gewicht des Körpers nicht vollständig abfedern. Die Wahrscheinlichkeit ist sehr groß, dass sie sich verletzt.

Sturzgefahr

Auch wenn Katzen Meister des Gleichgewichts sind: Kreuzt eine spannende Beute ihren Weg, überwiegt der Jagdinstinkt und sie vergisst die Welt um sich herum. Blitzartig schnellt die Pfote hervor und sie versucht, die begehrte Beute zu fangen, ungeachtet einer möglichen Absturzgefahr. Daher sollte grundsätzlich gelten: Safety first! Typische Gefahrenquellen und damit potenzielle Absturzstellen im Haushalt sind Balkone, offene oder gekippte Fenster, offene Treppenstufen und -geländer oder andere Orte, an denen eine Katze abstürzen könnte. Sie müssen ausreichend gesichert sein, zum Beispiel mit geeigneten Netzen.

Dass Katzen immer auf den Pfoten landen, ist ein Mythos, trotz des angeborenen Stellreflexes.

Der Tastsinn

Auf sanften Pfoten

Katzen haben an den Vorderpfoten fünf Krallen und an den Hinterpfoten jeweils vier, da die große Zehe hinten nur ansatzweise vorhanden ist. Alle Katzenartigen sind ausnahmslos Zehengänger. In Normalstellung sind die Krallen nicht sichtbar und werden von elastischen Bändern in den Krallenscheiden gehalten.
Bei Bedarf ziehen Beugemuskeln die Krallen vor und die Katze kann sie zur Verteidigung oder als Werkzeug benutzen.
Durch das rudimentäre Schlüsselbein können Katzen ihre Vorderbeine auch seitlich bewegen und haben dadurch eine größere Chance, seitlich fliehende Beutetiere festzuhalten. Zudem können sie ihre vorderen Pfotenballen zueinanderdrehen, wodurch sie Gegenstände oder eine Beute festhalten oder einen Ast hochklettern können. Die gesamte Katzenpfote, die Pfotenballen und auch die Krallen sind außergewöhnlich tastempfindlich und mit einer Vielzahl an Nerven durchzogen. Katzen können sogar kleinste Erschütterungen wahrnehmen, z. B. wenn sich eine Maus unter der Erde bewegt.

Tasthaare

Die Schnurrhaare einer Katze haben, anders als es der Name vielleicht vermuten lässt, nichts mit dem Schnurren zu tun. Es sind Tasthaare, auch Vibrissen oder Sinushaare genannt, die äußerst sensibel auf kleinste Reize und Luftbewegungen reagieren und eine wichtige Orientierungshilfe für die Katze sind. Katzen haben Tasthaare in den Ohren, über

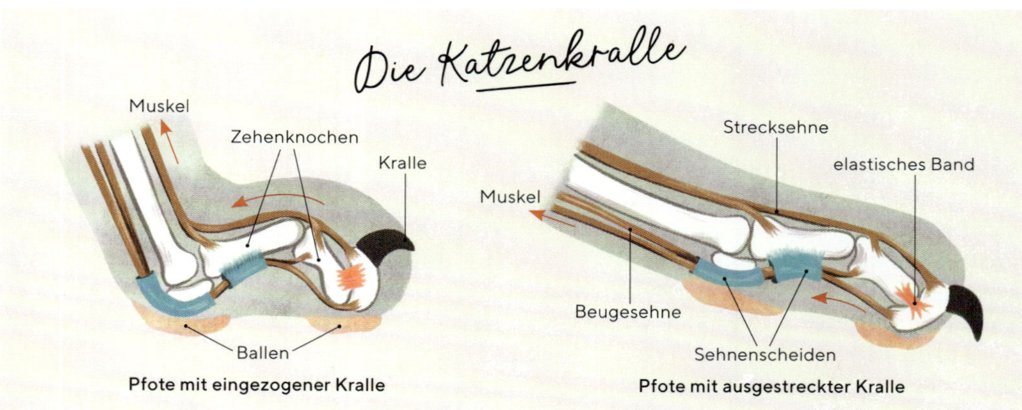

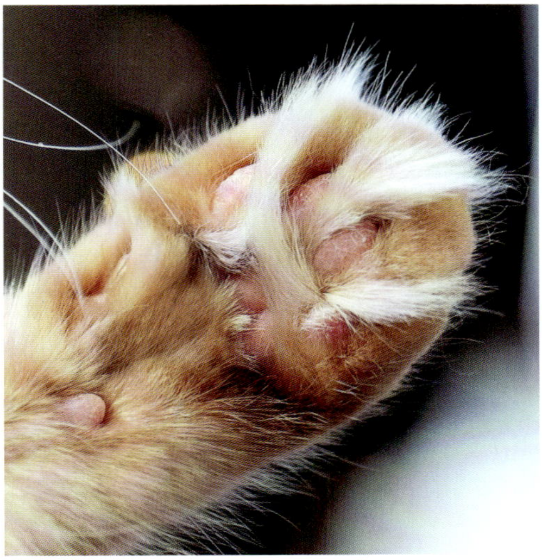

Katzenpfötchen sehen nicht nur zart aus, sie sind auch äußerst tastempfindlich.

Die zahlreichen Tasthaare sind hochempfindliche „Antennen", die Katzen zur Orientierung dienen.

den Augen, rechts und links neben der Nase, an den Wangen, unter dem Kinn und an der Rückseite ihrer beiden Vorderpfoten.
Die Tasthaare sind deutlich länger und fester als alle anderen Haare und liegen dreimal tiefer in der Haut. Jedes Tasthaar ist an seiner Haarwurzel mit einer blutgefüllten Kapsel und zahlreichen Nerven umgeben. Werden die Tasthaare durch ein Hindernis berührt oder durch einen Luftzug bewegt, gerät die Flüssigkeit an der Haarwurzel in Schwingung und die umliegenden Nerven geben die Informationen an das Gehirn weiter.

Navigationssystem

Diese außerordentliche Sensibilität der Tasthaare dient der Katze dazu, sich zu orientieren und kleinste Veränderungen ihrer Umwelt wahrzunehmen. Durch feine Luftschwingungen erspüren sie die Position einer Beute oder können die Größe eines engen Durchgangs oder Spalts ertasten. Und nicht nur das! Mit den Tasthaaren erfühlen Katzen vor dem Verzehr einer Beute die Wuchsrichtung des Fells oder Gefieders, um die Nahrungsteile besser abbeißen und schlucken zu können.
Die Vibrissen haben aber auch eine schützende Funktion. So können die Tasthaare über den Augen bei Berührungen den Schließreflex auslösen.

Übrigens!

Neugeborene Kätzchen kommen blind und taub auf die Welt, aber ihr Tast- und Geruchssinn ist bei der Geburt bereits vollständig entwickelt, um sich an Mamas Milchbar zurechtzufinden. Das zeigt, welch große Bedeutung der Tastsinn für Katzen hat. Oft heben sich die Tasthaare auch farblich deutlich von der Fellfarbe der Katze ab.

Lauschangriff! Einer Katze entgeht nichts

→ Das Gehör der Katzen zählt zu den besten im gesamten Säugetierreich. Während wir Menschen bis etwa 20 kHz hören und Hunde bis 50 kHz, erreichen Katzen mühelos bis zu 80 kHz! Sie können eine große Spanne an Oktaven hören, von tiefen Basstönen bis hin zu extrem hohen Frequenzen im Ultraschallbereich. Katzen können sogar beeindruckend präzise, bis auf eine Hunderttausendstel Sekunde genau, die Zeitdifferenz von Geräuschen messen, die an ihren beiden Ohrmuscheln ankommen, und so die räumliche Lage von Geräuschen exakt lokalisieren. Damit sind sie bestens gerüstet, um ihre bevorzugten Beutetiere, die Mäuse, aufzuspüren. Hast du deine Katze schon einmal dabei beobachtet, wie sie hochkonzentriert einen Punkt an der Wand beobachtet, du jedoch absolut nichts erkennen kannst? Deine Katze nimmt eine Fülle an Geräuschen und anderen Sinneseindrücken wahr, die uns Menschen verborgen bleiben, und das kann manchmal für uns seltsam anmutende Reaktionen hervorrufen.

Kleine Muskelpakete

Mit jeweils 32 Muskeln pro Ohr kann eine Katze ihre Ohren aufstellen, sie komplett an den Kopf anlegen, um etwa 180 Grad drehen und ihre Ohren punktgenau zur Geräuschquelle ausrichten, ohne dass sie dafür den Kopf bewegen muss. Und das sogar mit jedem Ohr einzeln und unabhängig voneinander.

Giuliana hat ihr Ziel im Blick und nimmt gleichzeitig das Geräusch im Hintergrund wahr.

Hier sind beide Ohren nach vorne ausgerichtet. Voller Fokus auf die Beute!

Katzenohren können unabhängig voneinander in unterschiedliche Richtungen gedreht werden.

Selektive Prioritäten

Eine Katze weiß das Leben zu genießen und sie kann in beinahe jeder Situation ein entspanntes Schläfchen halten – vorausgesetzt, sie fühlt sich wohl und sicher. Das Gehör einer Katze schläft zwar nie, aber sie ist in der Lage, Gehörtes zu priorisieren. Während ihrer Ruhephasen „überhört" sie automatisch unwichtige Geräusche; ein beuteähnliches Rascheln, ein potenziell gefährliches Geräusch oder das Öffnen der Futterdose wecken ihre Aufmerksamkeit allerdings sofort. Befindet sich die Katze hingegen vertieft im Jagdmodus und ist kurz davor, eine Beute zu fangen, wird sie dein Rufen höchstwahrscheinlich ignorieren. Der Beuteerfolg hat für sie Priorität.

Don't

Durch ihr feines Gehör hat die Katze eine Abneigung gegen laute Geräusche. Vermeide unnötigen Lärm, wie laute Musik, Türenschlagen oder Gekreische. Ein ständig hoher Lärmpegel bedeutet Stress für deine Katze und der kann auf Dauer sogar krank machen.

Do!

Im Alltag lassen sich nicht immer alle für die Katze unangenehmen Geräusche vermeiden. Durch ein gezieltes Training mit positiver Verstärkung können aber viele Situationen, wie Babygeschrei, Staubsaugergeräusche oder Silvesterböller, abgemildert werden, sodass deine Katze souverän mit für sie schwierigen Geräuschen umgehen lernt.

Alles im Blick

Weitwinkel und Objektive

Auch das Katzenauge ist ein äußerst effizientes Hilfsmittel bei der Jagd nach Beute. Katzenaugen entgeht wahrlich nichts, denn sie nehmen allerkleinste Bewegungen wahr. Durch die frontale Anordnung und ihre im Verhältnis zum Gesicht großen Augen überlappen sich die beiden Sehfelder. Jedes Auge sendet einzelne Bilder und Informationen an das Gehirn; diese werden zusammengefügt und ermöglichen der Katze genau wie uns Menschen ein räumliches Sehen.
Ähnlich wie beim Fokus einer Kamera müssen Katzen ihre Linse vor- oder zurückbewegen, um im Nahbereich scharf sehen zu können. Um die Beute nicht aus dem Blick zu verlieren, bewegen sie ihre Augen in kleinen ruckartigen Bewegungen, auch Sakkaden genannt.
In extremer Nähe, also weniger als 30 Zentimeter, können Katzen nur wenig und unscharf sehen. Anstatt ihren Kopf näher an das Objekt heranzuführen – denn das könnte je nach Wehrhaftigkeit einer Beute gefährlich sein – richten Katzen ihre Schnurrhaare gefächert nach vorn aus, um sich so ein dreidimensionales „Bild" des Objekts zu machen.

Drei Augenlider

Katzen haben ein drittes Augenlid, die sogenannte Nickhaut, eine feine Membran im inneren Augenwinkel, die als Schutzschild vor Verletzungen dient und kleine Fremdkörper wie Staub oder Schmutz fernhält. Meistens ist diese Nickhaut unsichtbar, zum Schutz kann sie blitzschnell über das Auge gelegt werden. Die Nickhaut ist auch für die Befeuchtung der Augen wichtig und schützt sie vor Austrocknung.

Tag- und Nachtsehen

Eine besonders große Anzahl an Stäbchen auf der Netzhaut lässt Katzen bei Dämmerung und Dunkelheit wesentlich besser sehen als Menschen. Bei Tageslicht können sich Katzen auch gut orientieren, allerdings nicht so detailgetreu wie wir.
Je nach Lichtintensität ziehen Katzen ihre Pupillen bis zu ca. 1 Millimeter schmalen, vertikalen Schlitzen zusammen und schützen ihre empfindliche Netzhaut zusätzlich, indem sie die Augenlider zur Hälfte schließen. Somit sind die obere und untere Hälfte des Schlitzes verdeckt und der Lichteinfall ist auf ein Minimum reduziert. Im Dunkeln hingegen werden die Pupillen maximal geweitet und rund, sodass möglichst viel Restlicht auf die Netzhaut trifft. In absoluter Dunkelheit können aber auch Katzen nichts mehr sehen.

Leuchtender Teppich

Verantwortlich für die leuchtenden Katzenaugen bei Dunkelheit ist das Tapetum Lucidum, eine lichtreflektierende Schicht direkt hinter der Netzhaut, die die Lichtempfindlichkeit des Katzenauges um bis zu 40 % erhöht. Das Tapetum reflektiert das einfallende Licht, es trifft erneut auf die Netzhaut und aktiviert die Sehzellen. Dadurch kann die Katze mit dem vorhandenen Restlicht noch richtig gut sehen.

< Die Nickhaut im inneren Augenwinkel schützt das Auge vor Verletzungen und Austrocknung.

∨ Fokus aufs Spielzeug! So nah können Katzen nicht gut sehen, hier übernehmen die Tasthaare das Sehen.

∧ Giuliana ist blind. Ihre Pupillen reagieren nur wenig auf Lichteinfall.

< Bei starkem Lichteinfall ziehen sich die Pupillen zu schmalen Schlitzen zusammen.

Der Geruchssinn der Katze

→ Die Geruchswelt der Katzen spielt bei der innerartlichen Kommunikation eine wichtige Rolle, denn Katzen hinterlassen vor allem Geruchsbotschaften, sogenannte Pheromone, die die unterschiedlichsten Informationen enthalten können. Mit ihren etwa 60–65 Millionen Riechzellen ist der Geruchssinn einer Katze ziemlich gut ausgestattet.
Jede Katze hat ihren ganz eigenen, individuellen Körpergeruch, den sie über Duft- und Schweißdrüsen an ihre Umgebung abgibt. Diese Drüsen sind am ganzen Körper verteilt, besonders im Gesichtsbereich, seitlich am

Don't

Durch häufiges Reiben entstehen mit der Zeit schwarze, speckige Stellen durch die Talgdrüsen. Auch wenn es schwerfällt – belasse die Stellen, denn sie sind Duftmarken, die der Katze Sicherheit geben, und durch die sie sich wohler fühlt.

Durch das Reiben übertragen Katzen ihren Körpergeruch und nehmen gleichzeitig anhaftende Gerüche auf.

Dieses spezifische Geruchsgemisch verleiht der Katze ein hohes Maß an Sicherheit.

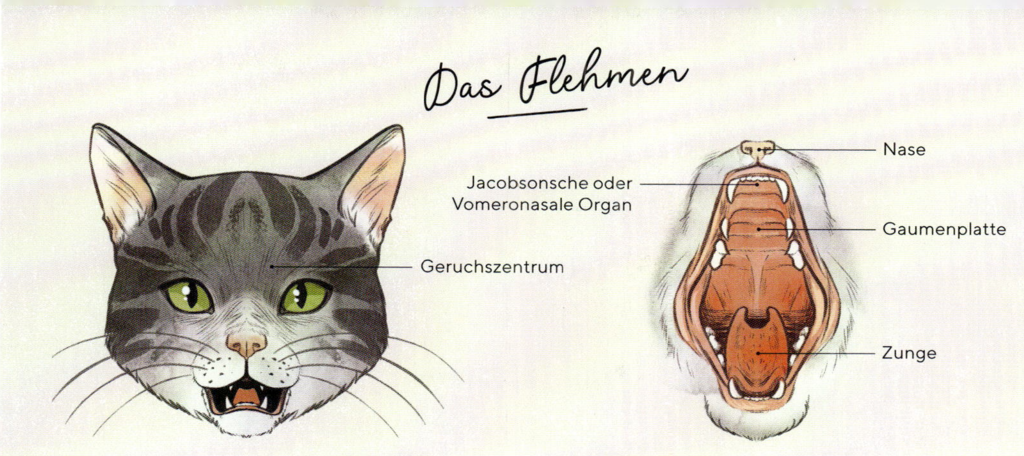

Das Jacobsonsche Organ liegt hinter den oberen Schneidezähnen und dient der besseren Wahrnehmung von Geruchsstoffen.

Körper, an den Pfötchen und in der Afterregion. Wenn Katzen Köpfchen geben – sei es untereinander oder bei ihren Menschen – und die Wangen- und Kinnregion an Gegenständen reiben, hinterlassen sie dort ihren Körpergeruch. Katzen erkennen sich untereinander am Geruch und nehmen gleichzeitig wichtige Informationen über ihre Artgenossen auf. Auch beim Kratzmarkieren hinterlässt die Katze Duftbotschaften für Artgenossen, ebenso wie beim Harnmarkieren. Markierstellen, gleich welcher Art, werden von Katzen meist intensiv berochen und nicht selten wird auch darübermarkiert.

Reiben und Putzen

Durch das Reiben bringen Katzen einerseits ihren eigenen, ganz individuellen Körpergeruch an und nehmen gleichzeitig den anhaftenden Geruch auf. Bei der Fellpflege werden die aufgenommenen Düfte mit dem eigenen Körpergeruch vermischt und es entsteht ein individueller Geruch, der einzigartig und unverwechselbar ist. Dies verschafft der Katze eine vertraute Umgebung und ein hohes Maß an Sicherheit in ihrem Revier. Das hier ist mein Zuhause, hier fühle ich mich wohl! Umso verständlicher, dass diese Art des Markierens regelmäßig aufgefrischt werden muss, um den spezifischen Geruch zu erhalten. Auch neue Gegenstände im Haushalt werden gründlich markiert, um sie geruchlich zu integrieren.

Flehmen

Vielleicht hast du schon einmal eine Katze flehmen sehen? Das kann ganz schön lustig aussehen. Sie hält kurz inne und beriecht intensiv eine Stelle. Dann hebt sie den Kopf etwas an, öffnet leicht den Mund, zieht die Mundwinkel zurück und die Oberlippe nach oben. Dabei kräuselt sich manchmal sogar die Nase und sie legt die Schnurrhaare sowie die Ohren nach hinten an. Für einen Moment hält sie so mit verklärtem Blick inne, dann schluckt sie, putzt sich zweimal über den Nasenspiegel und macht weiter, wo sie aufgehört hat. Doch was passiert denn da genau? Katzen haben am Gaumen hinter den Schneidezähnen ein zweite „Nase", das Jacobsonsche Organ (auch Vomeronasalorgan). Es dient vor allem der Aufnahme von wasserlöslichen Gerüchen wie den Pheromonen. Beim Flehmen werden die Gerüche zunächst im Speichel gelöst und dann über winzige Muskeln in das Organ hinein- und wieder hinausgepumpt.

Wusstest du schon …

… dass der Nasenabdruck einer Katze genauso individuell ist wie ein menschlicher Fingerabdruck? Keine Nase gleicht der anderen!

Ein Katzengarten

für die Sinne

Do!

Eine hübsch gestaltete Pflanzschale mit verschiedenen Katzenpflanzen lädt zum Erkunden, unbedenklichen Anknabbern und vielleicht sogar zum Wälzen ein.

Das brauchst du:

1. Pflanzschale (Durchmesser mind. 30 cm) oder einen länglichen Balkonkasten (mind. 40 x 20 cm) mit Ablauflöchern)
2. Passender Untersetzer
3. Biopflanzenerde
4. Kleine Blumenkelle
5. Katzenpflanzen, z. B. Baldrian, Katzenminze oder Matatabi
6. Optional: Bioweizenkeime
7. Gießkanne

So wirds gemacht:

Schritt 1 Befülle die Pflanzschale zu ⅔ mit Pflanzenerde und setze die Katzenpflanzen ein. Lass zwischen den Pflänzchen etwas Platz, damit sie sich im Wachstum entfalten können, und fülle die Zwischenräume mit Erde auf.

Schritt 2 Wenn du auch Katzengras aussähen möchtest, lässt du dafür einen kleinen Bereich frei. Drücke einige Bioweizenkeime mit der flachen Hand in die Erde und gib noch etwa 1–2 cm Pflanzenerde darüber. Für eine kreisrunde Grasfläche von 15 cm benötigst du ca. 25 g Weizenkeime.

Schritt 3 Denk daran, den Katzengarten regelmäßig zu gießen, damit deine Katzen lange Freude daran haben.

Wusstest du? Viele Katzen werden magisch von bestimmten Duftstoffen angezogen. Baldrian, Katzenminze und Matatabi gehören zu den bekanntesten. Verantwortlich dafür sind bestimmte Pflanzenstoffe, die Glücksgefühle bei unseren Katzen auslösen. Keine Sorge, die Substanzen machen weder abhängig noch wirken sie berauschend. Forscher haben herausgefunden, dass sich frei lebende Katzen mit den Düften „parfümieren" und dadurch Stechmücken und Parasiten abwehren.

Tipp Achte bei Katzengras auf weiche Gräser, wie Weizen, Hafer oder Gerste in Bioqualität. Viele handelsübliche Katzengräser sind scharfkantig und können zu Verletzungen führen.

für Kids

Duft-spielzeug

aus Socken

Spannend!

Lecker

Meins!

Das brauchst du:

1. Eine Socke
2. Füllwatte oder Papierchips
3. Getrocknete Katzenminze oder Baldrian – je nach Vorliebe deiner Katze
4. Einen großen Becher
5. Eine lange dicke Kordel

So wirds gemacht:

Schritt 1 Stecke die Socke in den Becher und stülpe das obere Ende über den Rand des Bechers.

Schritt 2 Stopfe abwechselnd Füllwatte und getrocknete Katzenminze oder Baldrian in die Socke.

Schritt 3 Wenn die Socke gut gefüllt ist, machst du mit dem oberen Ende einen festen Knoten in die Socke.

Schritt 4 Binde nun noch eine dickere Kordel an die Socke und schon kann der Spielspaß mit deiner Katze beginnen.

Und los! Lass deiner Katze einen Moment Zeit, damit sie den Duft der Socke aufnehmen kann. Nach kurzer Zeit wird sie spielerisch mit der Socke kämpfen, sich daran reiben und sie belecken. Wenn sie das Spielzeug zwischendurch loslässt, kannst du es über den Boden ziehen und so deine Katze zu einem neuen Spieldurchgang auffordern.

Do!

Damit die Knoten an der Socke und der Kordel schön fest sind, lass dir von einer erwachsenen Person helfen. Pass immer gut auf, dass deine Katze sich nicht in der Kordel verheddert.

Die Katzenzunge

Wer schon einmal von einer Katze abgeleckt wurde, weiß, dass es sich wie Schleifpapier auf unserer Haut anfühlt. Verantwortlich dafür sind die zahlreichen Fadenpapillen, mit denen die Zungenmitte der Katze überzogen ist. Das sind kleine, nach hinten gebogene Hornzähnchen, die die Zunge so rau machen. Die Katze benutzt sie als Werkzeug, um kleinste Fleischreste vom Knochen ihrer Beutetiere abzuschaben. Auch bei der Fellpflege sind sie sehr wichtig, denn damit lassen sich verfilzte Stellen im Fell auflösen, Hautschuppen und lose Haare ausbürsten und sogar kleine Parasiten entfernen.

Bei der Flüssigkeitsaufnahme haben die Papillen eine wichtige Funktion, denn beim Trinken rollt die Katze ihre Zungenspitze leicht nach hinten und taucht sie kurz ins Wasser ein. Durch die wiederkehrenden schnellen Bewegungen der Zungenspitze an der Wasseroberfläche entsteht eine kleine Wassersäule, die die Katze dann „abbeißt“ und hinunterschluckt.

Der Geschmackssinn einer Katze ist nicht sehr ausgeprägt. Sie kann salzig, bitter, sauer und umami schmecken, hat aber keine Geschmacksrezeptoren für Süßes. Umami kommt aus dem Japanischen und steht für einen fleischigen, herzhaften Geschmack. Sehr passend für die Katze als reinen Fleischfresser! Die Geschmacksrezeptoren befinden sich übrigens an der Zungenspitze, an den Seiten und im hinteren Teil der Zunge.

Don't

Wenn du mit deiner Katze spielst, solltest du unbedingt auf fadenähnliche Gegenstände und kleine Teile verzichten. Dadurch, dass die Hornzähnchen nach hinten gerichtet sind, kann eine Katze mit dem Mund aufgenommene Fäden und ähnliche Gegenstände nicht ausspucken. Sie wandern automatisch Richtung Rachen und werden abgeschluckt. Das kann zu lebensbedrohlichen Situationen führen!

Unterstützung bei der Fellpflege. Die Zunge mit ihren zahlreichen Papillen funktioniert prima als Haarbürste.

< Die Hornzähnchen richten sich beim Rausstrecken der Zunge leicht auf ...

∨ ... und können dann als Haarbürste oder Raspel verwendet werden.

< Durch die schnellen Zungenbewegungen entsteht eine Wasser-säule, die beim Trinken „abgebissen" wird.

Kratzmarkieren

→ Das Markierverhalten spielt in der Katzenwelt eine sehr große Rolle, sozusagen Social Media, wo man anderen folgen und selbst Posts hinterlassen kann. Katzen markieren auf mehreren Ebenen – sichtbar, riechbar und hörbar. Es ist eine vielschichtige Mischung aus territorialen, sozialen und individuellen Bedürfnissen und ein natürlicher Ausdruck der komplexen Katzensprache, der dazu beiträgt, ihre Umwelt zu gestalten, sich sicher und wohl zu fühlen und mit anderen Individuen zu interagieren. Neben dem Reiben (siehe Seite 17), gehören auch das Kratz- und Urinmarkieren dazu.

Katzen müssen kratzen!

Kratzen ist ein natürliches Verhalten, das gleich mehrere wichtige Funktionen erfüllt. Zum einen dient es der Krallenpflege. Mit lang gestreckten Pfoten zieht die Katze ihre gespreizten Krallen abwechselnd kräftig über die Oberfläche. Dabei werden ausgediente Krallenhülsen abgestreift und die neue Kralle kommt zum Vorschein. Sicher hast du zu Hause schon mal eine Krallenhülse gefunden. Beim Kratzen hinterlassen Katzen auch ein individuelles Duftgemisch aus Schweiß und Drüsensekreten an den Markierstellen, die wiederum olfaktorische Botschaften für andere Katzen beinhalten. Da diese Duftbotschaften eine kurze Halbwertszeit haben, müssen sie regelmäßig aufgefrischt werden. Je länger eine Kratzstelle besteht, desto wichtiger wird sie für die Katze und umso mehr Informationen enthält sie.

Kratzmarkieren ist ein natürliches Verhalten, das u. a. der innerartlichen Kommunikation dient.

Diese abgenutzte Kratzpappe zeigt, welch hohen Stellenwert sie für Eddie hat. Je oller, desto doller!

Dieses Sofa ist wichtig für die Katze. Eine direkt davor platzierte Kratzsäule kann das Verhalten umlenken.

Strategisch günstig

Oft befinden sich die typischen Kratzstellen an strategisch wichtigen Plätzen, zum Beispiel an Reviergrenzen oder in der Nähe von Ressourcen. Je wichtiger die Kratzstelle für eine Katze ist, umso intensiver wird sie bearbeitet, und so ist, je nach Material, das kätzische Kunstwerk oft schon von Weitem erkennbar. Wird allerdings das von Menschen und Katze gleichermaßen geliebte Sofa zum Kratzobjekt der Begierde, herrschen hier verständlicherweise unterschiedliche Vorstellungen von häuslicher Gemütlichkeit und Einrichtungsdesign.

Geeignete Materialien

Welches Material zum Kratzen bevorzugt wird, ist sehr unterschiedlich und hängt mit den individuellen Vorlieben der jeweiligen Katze zusammen. In freier Natur wählen Katzen meist Baumrinden oder weiche Holzstämme. Zu Hause bieten sich Naturkratzbäume, Sisal, Teppiche, Kratzpappen oder Kork an.
Auch der akustische Effekt spielt eine Rolle, denn das typische Kratzgeräusch ist für das feine Gehör der Katze weithin wahrnehmbar.

Kratzen fürs Ego

Frustabbau Intensives Kratzen kann ein Ventil für aufgestaute Energie sein und auf der emotionalen Ebene beim Spannungs- und Frustrationsabbau helfen. Das Bearbeiten einer Kratzstelle baut das Selbstbewusstsein auf und die Welt sieht gleich viel besser aus.

Freude Oft ist es auch Ausdruck freudiger Erregung, zum Beispiel in Erwartung von etwas Positivem. So freuen sich die meisten Katzen sehr, wenn ihr Mensch nach einem langen Arbeitstag nach Hause kommt. Er wird intensiv begrüßt, mit Kopf und Körper markiert, und oft kratzt die Katze auch, sofern eine Möglichkeit dafür besteht. Katzen zeigen das Kratzmarkieren manchmal als Spielaufforderung gegenüber Mensch und Partnerkatze.

Aufwachen Zu guter Letzt hast du vielleicht schon mal beobachtet, dass deine Katze sich nach einem Mittagsschläfchen ausgiebig streckt und an Ort und Stelle ihre Krallen ins Material schlägt, um ein paarmal zu kratzen.

Mein Tipp

Damit deine Katze ihr Kratzbedürfnis ausleben kann und dein Sofa geschützt wird, kannst du eine geeignete Alternative in unmittelbarer Nähe des Sofas platzieren und deine Katze dafür loben, wenn sie die Alternative annimmt.

Urinmarkieren

→ Urinmarkieren ist ein natürliches Katzenverhalten, das einen hohen innerartlichen Kommunikationscharakter hat, also der Verständigung untereinander dient. Dabei werden dem Harn bestimmte Duftsekrete beigemengt, die einen typischen, meist intensiven Geruch bilden. Diesen Geruch kannst du dir wie eine persönliche Visitenkarte deiner Katze vorstellen, die einige wesentliche Informationen, wie zum Beispiel die Identität, das Geschlecht und den sexuellen Status, als Botschaft für andere Katzen enthält. Übrigens können alle Katzen mit Urin markieren – egal ob weiblich oder männlich, kastriert oder unkastriert.
Zum Markieren dreht die Katze sich mit dem Rücken zum ausgewählten Ort, streckt ihre Hinterbeine stelzenartig und trippelt auf der Stelle. Der Schwanz ist hochgereckt und zittert, während der Urinstrahl gegen den ausgewählten Ort gesprüht wird. Im Gegensatz zum normalen Urinabsatz kann der Urinstrahl beim Markieren kürzer und fokussierter sein, und sowohl größere Mengen können angebracht werden als auch nur ein paar Tröpfchen oder Harnspritzer. Manchmal beriecht die Katze ihr Werk noch einmal, meistens geht sie einfach.

Auf Kontroll-Streifzug durchs Revier: immer auf der Suche nach Markierungen fremder Katzen.

Fortpflanzung und Revier

Ein Zusammenhang zwischen Fortpflanzung und Harnmarkieren ist den meisten Menschen bekannt. Manche unkastrierte Kätzinnen markieren während der Rolligkeit und kommunizieren darüber ihre Paarungsbereitschaft. Unkastrierte Kater preisen sich über Harnmarken als potenzielle Kopulationspartner für eine empfängnisbereite Katzendame an. Gleichzeitig geben sie konkurrierenden Katern in der Umgebung über Harnmarkierungen die Information, dass sie bereits Anspruch auf das Revier und die dort anwesende Katzendame erheben und Konkurrenz nicht erwünscht ist.

Diese Katze flehmt. Sie hat einen fremden Geruch wahrgenommen und analysiert ihn.

Diese Katze hinterlässt eine klare Botschaft für Artgenossen: Das ist mein Revier!

Durch Markierungen werden direkte Konfrontationen und Konflikte mit anderen Katzen vermieden.

Ich war hier

Ein Revier, das eine Kätzin oder ein Kater für sich beansprucht, hat eine hohe Bedeutung für das jeweilige Tier, denn hier befinden sich wichtige Ressourcen, die fundamentale Bedürfnisse erfüllen. Dazu gehören vor allem sichere und geschützte Rückzugsorte und Schlafstätten, gute Jagdmöglichkeiten und Beobachtungsplätze für die Nahrungsaufnahme. Entsprechend wird das eigene Revier gegen Eindringlinge verteidigt und markiert. Je größer die Bedrohung von außen, desto stärker markiert eine Katze.
Urinmarkierungen übermitteln klare Botschaften für fremde Katzen, ohne ihnen direkt begegnen zu müssen. Dadurch werden Konfrontationen und somit Konflikte vermieden.

Gut zu wissen!

Was bei Freigängerkatzen unproblematisch ist, solange das Urinmarkieren draußen ausgeführt wird, kann für Katzeneltern zur echten Belastungsprobe werden, wenn die Katze im Haus oder der Wohnung markiert. Auslöser für dieses Verhalten sind negative Erregungszustände, also starke Stressoren für die betreffende Katze. Das kann eine unpassende Partnerkatze sein, unerfüllte Bedürfnisse, Angst und Unsicherheit, Kontrollverlust, Krankheit und vieles mehr. Hier versucht die Katze durch Urinmarkieren Stress abzubauen, sich Erleichterung und Sicherheit zu verschaffen. Wenn deine Katze zu Hause mit Urin markiert, braucht sie Hilfe. Suche dir zeitnah professionelle Unterstützung bei Katzenexpert*innen.

„Trockenmarkieren"

Es wird gezeigt, wenn die Katze aufgeregt ist und sich auf etwas freut, z. B. wenn der Mensch nach Hause kommt, das Futter zubereitet wird oder die Kuschelrunde ansteht. Die Körperhaltung ist dabei dieselbe: Lang gestreckte Beine, trippeln, zitternder, hoch gestellter Schwanz, aber es wird kein Urin versprüht.

Körper-sprache

Kätzisch für Zweibeiner

Was die Ohren verraten

⟶ Die Körpersprache einer Katze ist sehr vielschichtig und manchmal auch gar nicht so leicht, korrekt zu deuten. Man könnte auch sagen, dass „Kätzisch" eine ziemlich umfassende Grammatik hat. Einzelne körpersprachliche Merkmale können mehrere Bedeutungen haben und müssen immer im Gesamtkontext betrachtet werden. Hinzu kommt, dass Katzen sehr reaktive Tiere sind und ihr Verhalten und damit auch die Körpersprache blitzschnell umschlagen kann. Schauen wir uns zunächst die einzelnen Merkmale an und beginnen mit den Ohren.

Neutral bis aufmerksam

Eine neutral gestimmte Katze, die sich sicher und wohl fühlt, hat ihre Ohren in einer entspannten Position, leicht abgewinkelt aufgestellt. Erregt nun ein spannendes Geräusch ihre Aufmerksamkeit, spitzt sie die Öhrchen im wahrsten Sinne des Wortes und richtet sie zur Geräuschquelle aus. Dabei gilt ihre volle Konzentration dem Geräusch und sie blendet alles Unwichtige aus.
Weniger interessante Geräusche werden natürlich auch wahrgenommen. Hierfür dreht die Katze entweder ein Ohr in die Richtung

Katze in neutraler Stimmung, die Ohren sind locker und entspannt.

Diese Katze ist ebenfalls neutral gestimmt, hört aber ein Geräusch und richtet ihr Ohr zur Geräuschquelle aus.

Aufmerksam oder verspielt. Die Öhrchen und Tasthaare werden nach vorn gespitzt, die Pupillen weiten sich.

Diese Katze fühlt sich bedroht und möchte mehr Freiraum. Sie legt die Ohren an und faucht.

des Geräusches, während das andere in neutraler Stellung bleibt, oder beide Ohren drehen sich in unterschiedliche Richtungen, wenn es mehrere Geräusche wahrzunehmen gilt.

Bei Bedrohung

Fühlt sich eine Katze bedrängt oder bedroht, legt sie die Ohren seitlich nach hinten unten an, ähnlich wie die Tragflächen eines Flugzeugs. Je tiefer und dichter die Ohren an den Kopf angelegt werden, desto ausgeprägter ist ihre defensive Abwehrbereitschaft. In größter Intensität werden die Ohren fest auf die Ohrmuscheln gepresst und sind nicht mehr sichtbar. Auch die restliche Körpersprache der Katze ist in diesen Momenten nur allzu deutlich erkennbar (siehe Seite 37). Das Anlegen der Ohren dient vor allem deren Schutz. Hat die Katze beispielsweise eine große und/oder wehrhafte Beute vor sich, legt sie die Ohren enger an, um sie zu schützen.

Schlechte Laune

Dreht die Katze ihre Ohrmuscheln leicht seitlich nach hinten, sodass die Rückseite der Ohren zum Teil erkennbar wird, deutet dies auf eine negative Stimmungslage hin. Das kann eine kurzweilige Irritation sein – sie ist gerade über etwas verärgert oder frustriert. Jetzt ist Zurückhaltung geboten und die Katze sollte nicht weiter gereizt werden. Diese Ohrstellung kann man auch beobachten, wenn die Katze auf ihren Revierstreifzügen die Duftmarke einer fremden Katze wahrnimmt oder eine Kratzmarke erneuert. Auch hier spielen negative Emotionen eine Rolle.

Achtung!

Werden die Ohrmuscheln so stark nach hinten gedreht, dass die Rückseite deutlich erkennbar ist, ist Vorsicht geboten! Dies ist eine starke Drohgebärde und die Katze ist offensiv abwehrbereit. Meistens senkt sie den Kopf leicht ab und verstärkt damit die Signalwirkung der Ohren.

Je deutlicher die Rückseite der Ohren vorn zu sehen ist, desto stärker droht die Katze. Vorsicht!

Katzenaugen erzählen viele Geschichten

→ Wie weit die Pupillen geöffnet sind, ist vom jeweiligen Lichteinfall abhängig. Je heller das Licht, desto schmaler die Pupillen. Doch nicht nur der Lichteinfall ist für die Pupillengröße verantwortlich, sondern auch die Emotionen der Katze.

Neutral In neutraler Stimmung hat deine Katze den Lichtverhältnissen angepasste, normal geöffnete Augen.

Aufregung Wenn deine Katze sehr aufgeregt ist, weil sie sich entweder sehr freut oder sich ängstlich oder bedroht fühlt, wird Adrenalin freigesetzt, was zu geweiteten Pupillen führt.

Eddie ist durch die Kamera etwas irritiert. Er blinzelt zur Beschwichtigung.

Dadurch wird, wie beim Menschen auch, die Wahrnehmung und Reaktionsbereitschaft erhöht. Auch kranke Katzen können geweitete Pupillen haben, denn je nach Erkrankung befindet sich der Körper in Alarmbereitschaft.

Wut Zu engen Schlitzen zusammengezogene Pupillen können ein Zeichen von Wut sein und die Katze ist gerade mit Vorsicht zu genießen.

Beschwichtigung

Ein bewusstes und langsames Blinzeln gilt als das „Lächeln der Katzen" und dient der Beschwichtigung. Es sagt so viel wie: „Ich bin nett und freundlich und tue dir nichts." Das Blinzeln wirkt unter Katzen stimmungsübertragend und kann eine andere Katze besänftigen. Oft kann man das Blinzeln bei Katzen beobachten, die sich durch anwesende Artgenossen oder Menschen verunsichert fühlen. Ebenso beschwichtigend wirkt das Wegschauen oder Abwenden des Blicks. Es signalisiert dem Gegenüber: „Okay, alles cool."

Anstarren

Starrt eine Katze eine andere unverwandt an, so ist dies ein bedrohliches Verhalten und signalisiert Überlegenheit. Ihr Gegenüber wird entweder durch Blinzeln und Wegschauen versuchen zu beschwichtigen und sich aus der Situation entfernen oder sich auf das Starrduell einlassen und möglicherweise einen Konflikt provozieren.

Die Pupillengröße ist abhängig von der Helligkeit, aber auch von emotionalen Einflüssen.

Do!

Auch du kannst deine Katze anlächeln! Setze dich zu ihr und blinzele sie einige Male bewusst langsam an. Dadurch fühlt sie sich noch wohler in deiner Nähe und wird dir vermutlich auch „antworten“.

Tasthaare und Fell

Die Vibrissen

Die Tasthaare rund um das Mäulchen können dir viel über die aktuelle Stimmung der Katze verraten. Gleichzeitig werden sie leicht übersehen, besonders wenn sie sich farblich kaum von der übrigen Fellfarbe unterscheiden.

Neutral bis vorsichtig

Normalerweise sind die Vibrissen seitlich ausgerichtet, leicht gefächert und entspannt nach unten hängend - ein Zeichen für Ausgeglichenheit und Entspannung. Sind sie nach hinten angelegt und schmal zusammen, zeigt dies eine gewisse Zurückhaltung, Vorsicht und Ängstlichkeit. Um die aktuelle Stimmung deiner Katze richtig einordnen zu können, musst du die gesamte Körpersprache berücksichtigen. So oder so solltest du deiner Katze mit Zurückhaltung begegnen.

Neugier und Distanzmesser

Je aufmerksamer und neugieriger deine Katze etwas beobachtet, desto stärker fächert sie ihre Schnurrhaare nach vorn auf, damit ihr nichts entgeht. Meistens sieht man dann auch die leicht aufgeblähten Muskeln rund um die Mundpartie. Dieses Verhalten kannst du auch beobachten, wenn deine Katze kurz davor ist, eine Beute oder ein Spielzeug zu fangen. Denn Katzen können in unmittelbarer Nähe nur schlecht sehen, und anstatt ihren Kopf noch näher zur Beute zu strecken, übernehmen hier die Tasthaare das „Sehen". Die Katze fächert sie nach vorn auf, misst so zum Beispiel die Distanz zu einer Beute und registriert kleinste Bewegungen.

Das Fell

Das dichte Haarkleid schützt den Katzenkörper vor Verletzungen und dient der Wärmeregulation. Das Fell einer gesunden Katze glänzt, ist weich und geschmeidig und liegt glatt am Körper an. Sieht das Fell stumpf oder schuppig aus, steht partiell vom Körper ab oder weist kahle Stellen auf, so kann das ein Hinweis auf eine Erkrankung sein, die du tierärztlich abklären lassen solltest.

Mein Tipp

Beim Fressen sind die Tasthaare einer Katze schmal zusammen nach hinten gerichtet. Benutze große und flache Futternäpfe mit einem niedrigen Rand, damit die empfindlichen Tasthaare nicht an den Rand des Napfes stoßen. So vermeidest du den sogenannten „Schnurrhaar-Stress".

Lenny hat seine Beute fest im Blick und seine Antennen nach vorn aufgestellt. So entgeht ihm nichts!

Fell aufplustern und Katzenbuckel

Was genau bedeutet es, wenn Katzen ihr Fell aufplustern? Das Aufstellen der Haare ist eine physiologische Reaktion auf verschiedene emotionale und physische Reize. Gerät deine Katze in eine stressige oder beängstigende Situation, wird das sympathische Nervensystem aktiviert und Stresshormone wie Adrenalin werden freigesetzt. Diese Stresshormone sind unter anderem für das Aufrichten des Fells verantwortlich, ähnlich wie bei einer Gänsehaut.

Wenn deine Katze erschrickt, sträubt sie meistens große Partien ihres Fells, einschließlich ihres Schwanzes, wohingegen eine drohende und kampfbereite Katze nur einen Streifen ihres Rückenfells irokesenartig aufstellt und ihren Schwanz aufplustert. In beiden Fällen kann ein mehr oder weniger stark ausgeprägter Katzenbuckel gezeigt werden. Er lässt die Katze größer und damit eindrucksvoller erscheinen, was wiederum potenzielle Feinde abschrecken kann. Eigentlich ist der Katzenbuckel eine Überlagerung von zwei gleichzeitigen Emotionen, nämlich Angst und Abwehr. Während die Katze vorn ängstlich zurückweicht, schiebt sich ihr Hinterteil noch mutig nach vorn.

An seinem aufmerksamen Gesichtsausdruck sieht man, dass Eddie seine Tasthaare gleich nach vorn richtet.

Durch den Katzenbuckel wirkt die Katze größer und bedrohlicher auf potenzielle Feinde.

> Fell und Schwanz sind sind aufgeplustert. Der abgesenkte Kopf und die eingeknickten Hinterbeine verraten, dass sie ängstlich ist.

^ Die Kleinen üben spielerisch Drohverhalten. Fell aufstellen, sich groß machen und seitlich drehen. Sehr eindrucksvoll!

< Auch hier verraten der abgesenkte Kopf und die Hinterbeine, dass das Kätzchen Angst hat oder verunsichert ist.

Abwehrbereit

Beide Emotionen - Aufplustern durch Schreck und Aufplustern aufgrund von Kampfbereitschaft – lassen sich nicht nur an der Art des aufgestellten Fells unterscheiden, sondern auch an der jeweiligen Körperhaltung. Bei Abwehrbereitschaft wird der Schwanz oft hakenförmig vom Po abgestreckt und zeigt dann u-förmig nach unten. Der Rücken ist gerade, Vorder- und Hinterbeine sind durchgestreckt. Die Katze steht dabei hinten höher als vorne, da die Hinterbeine gestreckt länger sind. Der Kopf ist oberhalb der Körperlinie, die Ohren sind aufgestellt und die Katze starrt ihr Gegenüber an.

Schreck und Angst

Wenn eine Katze sich erschreckt hat oder sie aus Angst ihr Fell aufstellt, ist der Schwanz meist rund nach unten gerichtet und das Fell am Körper und Rücken gleichmäßig aufgestellt. Das Hinterteil senkt sich, der Kopf wird oft leicht unterhalb der Körperlinie gehalten, die Pupillen sind geweitet und die Ohren seitlich nach unten hinten gerichtet.
Doch ein aufgestelltes Fell muss nicht immer nur auf Angst oder Bedrohung hinweisen. Katzen können ihr Fell auch bei großer Aufregung aufstellen, zum Beispiel im Spiel. Das kann man recht häufig bei jungen Kätzchen beobachten.

Wenn es deiner Katze nicht gut geht

Eine Katze, die sich körperlich oder seelisch nicht wohlfühlt, kann ihre Fellpflege vernachlässigen. Manchmal kommt sie auch durch Übergewicht oder Gelenkerkrankungen an bestimmte Stellen nicht mehr so gut ran und braucht deine und gegebenenfalls tierärztliche Hilfe. Sofern deine Katze es noch nicht kennt, solltest du – langsam und behutsam – das Bürsten mit ihr üben, damit du sie bei der Fellpflege unterstützen kannst. Denn Haarstellen, die nicht gepflegt werden, können verfilzen. Es bilden sich Hautschuppen und letztlich kann sogar ein unangenehmer Juckreiz entstehen. Wenn deine Katze dann nicht an die betreffende Stelle rankommt, wird das schnell zur Tortur.
Wenn du den Verdacht hast, dass es deiner Katze seelisch nicht gut geht und sie deshalb ihre Fellpflege vernachlässigt, solltest du dir Hilfe bei Katzenexpert*innen suchen.

Hier sieht man die stärkste Form der Droh- und Abwehrbereitschaft.

Je kleiner sich die Katze macht, desto größer ist ihre Angst.

Das verrät der Katzenschwanz

→ Ob entspannt, freudig, ängstlich oder verärgert – der Katzenschwanz ist ein wichtiges Kommunikationsmittel und ein schon von Weitem sichtbares Stimmungsbarometer.

Good Vibes

Locker getragen Geht deine Katze entspannt und zufrieden ihres Weges, hält sie ihren Schwanz locker nach unten, die untere Spitze des Schwanzes kann dabei leicht gewellt nach oben zeigen.

Steil nach oben Streckt sie ihren Schwanz senkrecht nach oben, drückt dies Freude oder großes Interesse aus. Sie fühlt sich wohl, ist freundlich und neugierig.

Zittern Kommt deine Mieze so auf dich zugelaufen, sagt sie dir schon von Weitem sichtbar: „Hey! Toll, dass du da bist!" Und wenn sie sich sehr freut und aufgeregt ist, zum Beispiel wenn du von der Arbeit nach Hause kommst, kann der hochgestellte Schwanz sogar zittern, ähnlich wie beim „Trockenmarkieren". Es ist ein Ausdruck großer Freude und Aufregung, so als würde deine Katze vor lauter Freude tanzen!

Umgelegt Legt deine Katze ihren Schwanz auf oder um dich, zeigt sie dir damit große Zuneigung oder möchte auf sich oder ein Bedürfnis aufmerksam machen. Beim typischen Um-die-Beine-Streichen wird oft auch der Schwanz um deine Beine gewickelt – ein regelrechtes Umschmeicheln.

Der hochgestellte Schwanz ist ein Zeichen von Freude, Aufmerksamkeit und Fröhlichkeit.

Das Umschlingen des Schwanzes bei Menschen oder Artgenossen ist ein Zeichen von Zuneigung.

Eine Flaschenbürste kann auch in freudigen Momenten gezeigt werden. Diese Katze hat jedoch Angst.

Befreundete Katzen legen ihren Schwanz gegenseitig über den Rücken der jeweils anderen Katze und signalisieren darüber ihre Zuneigung und Freundschaft zueinander.

Achtung, Gefahr!

Bei drohender Gefahr hält die Katze inne, sie friert in ihrer Bewegung ein, ihr Schwanz ist meist waagerecht zur Rückenlinie nach hinten gestreckt. Bleibt die Gefahr bestehen, verändert sich die gesamte Körperhaltung. Die Katze macht sich kleiner, sie drückt ihren Oberkörper zu Boden, zieht den Schwanz nach unten und klemmt ihn bei großer Angst auch zwischen die Beine unter ihren Körper. Ihr Kopf ist ebenfalls nach unten geneigt, die Ohren stehen wie Flugzeugtragflächen seitlich nach unten ab und die Pupillen sind geweitet. Die Katze wird sich im schnellen Kriechgang vom Angstauslöser entfernen und in Sicherheit bringen.

Konflikt

Viele Katzeneltern kennen folgende oder ähnliche Situationen: Die Katze möchte rausgelassen werden, die Terrassentür wird geöffnet und sie sitzt eine kleine Ewigkeit mit langsam wedelndem Schwanz in der offenen Tür. Tatsächlich ist sie gerade, trotz ihres Wunsches, nach draußen gelassen zu werden, hin- und hergerissen und kann sich nicht entscheiden: Rein oder raus? Sie befindet sich in einem inneren Konflikt.

Stimmungswechsel

Nimmt die Intensität der Schwanzbewegungen zu und der Schwanz peitscht kräftig hin und her, ist Vorsicht geboten! Deine Katze befindet sich in einer hohen Erregungslage und könnte auf Berührungen abwehrend reagieren oder sogar angreifen.

Flaschenbürste

Hat deine Katze eine Flaschenbürste, also einen aufgeplusterten Schwanz, kommt es auf die restliche Körpersprache an, um ihre Stimmung einschätzen zu können.

Aufgeregt oder verspielt Sind der aufgeplusterte Schwanz nach oben gerichtet, der Kopf erhoben, die Ohren aufmerksam aufgestellt und möglicherweise die Tasthaare nach vorn gerichtet, ist deine Katze aufgeregt oder erwartet etwas Tolles.

Angst und Unsicherheit Ein aufgerichteter und aufgeplusteter Schwanz kann auch ein Zeichen von Angst oder Unsicherheit sein. Weitere Anzeichen für Angst wären ein gesträubtes Fell am ganzen Körper, weit aufgerissene Augen und zurückgelegte Ohren. Die Katze versucht sich größer zu machen, um potenzielle Bedrohungen abzuwehren. Angst trifft aber auch zu, wenn der Schwanz aufgeplustert und nach unten gerichtet ist, mit einer insgesamt gedrungenen Körperhaltung, wie du im vorherigen Abschnitt schon erfahren hast.

Körperhaltungen

→ Katzen sind durch ihren Körperbau wahre Verrenkungskünstler, und manch eine Körperhaltung, die die Katze mit schier unendlicher Gelassenheit einnimmt, lässt selbst erfahrene Yogapraktizierende vor Neid erblassen. Doch mal abgesehen von schlangenartigen Verbiegungen haben die meisten Körperhaltungen körpersprachliche Bedeutungen.

Entspannte Katzen

Eine sitzende Katze ist entspannt, wenn sie ihren Schwanz locker neben sich auf dem Boden liegen hat. Ihre Ohren sind aufgestellt, der Kopf wird über den Schultern gehalten, die Augen sind normal geöffnet und die Pupillen an die Lichtverhältnisse angepasst. Entspannte und zufriedene Katzen liegen in offenen Körperhaltungen. Sie räkeln sich oft auf der Seite oder auf dem Rücken, entspannen oder dehnen ihre Muskeln. In völliger Entspannung kann die Katze auf dem Rücken liegen und ihren Bauch zeigen.

Don't

Liegt deine Katze auf dem Rücken und zeigt ihren Bauch, ist das ein Zeichen, dass sie sich sicher und geschützt fühlt. Doch Stopp! Auch wenn es schwerfällt, ist dies meistens keine Einladung, den Bauch zu streicheln. Freu dich, dass sie so viel Vertrauen zeigt, und respektiere ungeschriebene Regeln.

Gemütlich

In gemütlicher Stimmung und ohne dass deine Katze etwas bestimmtes im Sinn hat, läuft sie locker und in normalem Tempo. Dabei hält sie ihren Kopf auf Schulterhöhe oder darüber, Augen und Ohren sind entspannt, ihr Schwanz hängt locker nach unten mit leicht nach oben gebogener Spitze. Erregt etwas ihre Aufmerksamkeit und sie freut sich, gehen ihr Schwanz, ihr Kopf und die Ohren sofort nach oben. Sie ist aufmerksam und fokussiert.

Aufmerksamkeit

Hat deine Katze eine interessante Fährte aufgenommen, folgt sie rasch und fokussiert ihrer Spur. Ihr ganzer Körper ist lang gestreckt und etwas geduckt. Der Schwanz zeigt waagerecht nach hinten, Kopf, Nase und Ohren sind nach vorn gerichtet und die Tasthaare werden aufgefächert. All ihre Sinne sind jetzt auf Empfang. Wird deine Katze durch ein unbekanntes Geräusch aufmerksam, hält sie zunächst in der Bewegung inne. Sie bleibt stehen, setzt sich auf die Hinterpfoten und hebt möglicherweise eine Vorderpfote an. Ihr Kopf und ihre Ohren sind aufmerksam nach oben gestreckt.

Genüsslich räkelt sich Momoko, streckt ihre Pfötchen und dehnt ihre Muskeln.

Eddies Sinne sind geschärft. Aufmerksam verfolgt er seine Beute und lässt sie nicht aus den Augen.

Wird diese ängstliche Katze noch weiter bedrängt und findet keinen Ausweg, wird sie sich evtl. verteidigen.

Das ist mir nicht geheuer!

Fühlt sich die Katze zunehmend verängstigt, senkt sie langsam ihren Kopf, legt die Ohren seitlich nach unten oder dreht sie, um alle Geräusche orten zu können. Ihre Pupillen können durch die Adrenalinausschüttung geweitet sein. Die Katze ist abwehr- bzw. fluchtbereit.

Je stärker ihre Angst, desto kleiner macht sich die Katze. Sie duckt ihren Körper; Schwanz, Kopf und Ohren gehen nach unten, ihre Körperhaltung ist angespannt und sie verlagert ihren Körperschwerpunkt so, dass sie jederzeit fluchtbereit ist. Sie schiebt ihren Körper zusammen, versteckt Pfoten und Schwanz darunter, legt den Kopf nach unten, klappt die Ohren runter und ihre Pupillen weiten sich.

Wichtig zu wissen Katzen sind selbst Beutetiere anderer Jäger und wählen bei drohender Gefahr immer die Flucht, sofern sie die Möglichkeit dazu haben. Nur wenn sie keinen Ausweg sehen, zum Beispiel weil sie in eine Ecke gedrängt wurden, werden sie defensiv aggressiv reagieren, also angstmotiviert. Völlig zu Unrecht und viel zu oft bekommen Katzen den Stempel „aggressiv" aufgedrückt!

SOS!

Um in größter Not verteidigungsbereit zu sein, verlagert die Katze ihren Schwerpunkt vom Auslöser weg. Ihre Hinterpfoten sind unter dem Körper fest in den Boden gedrückt, was einen blitzschnellen Absprung ermöglicht und sie zeigt ihre Krallen an den Vorderpfoten, um sich sofort verteidigen zu können. Ihr Fell stellt sich an der Rückenlinie auf, ihr Kopf und die Ohren sind nach unten gerichtet. Sie wird fauchen und knurren und möglicherweise auch spucken, um den Angreifer abzuschrecken und auf Distanz zu halten.

Lautgebung

⟶ Wenn du an die Lautsprache von Katzen denkst, mag sie dir vielleicht eher rudimentär erscheinen. Spontan fällt dir sicher das Miauen ein, vielleicht noch das Schnurren und Fauchen. Doch da ist noch einiges mehr und man ist überrascht, wie vielfältig die Lautsprache ist und wie viele unterschiedliche Dialekte es gibt. Bei Katzen unterscheidet man zwischen stimmhaften und stimmlosen Lauten.

Stimmhafte Laute

Miauen Katzen benutzen das Miauen fast ausschließlich bei uns Menschen und wollen damit in den meisten Fällen auf einen Mangel hinweisen. Das kann ein einfaches Rufen aus dem Nachbarzimmer sein, weil Miezi dort gern mit uns auf dem Lieblingssessel kuscheln möchte, oder auch deutlich vehementer und nachdrücklicher, wenn das Futter zu lange auf

Kätzchen Zafira hat sich in eine missliche Lage gebracht. Mit eindringlichem Fiepen ruft sie ihre Mama um Hilfe.

Beim Anblick einer unerreichbaren Beute keckern oder schnattern Katzen.

Dieses Miauen von Stella scheint nachdrücklich zu sein. Vermutlich fordert sie ihren Menschen zum Spielen auf.

sich warten lässt. Je länger ein gefühlter Mangel andauert, desto intensiver, lauter und dunkler kann das Miauen werden. Es gibt aber auch regelrechte Plaudertaschen unter den Katzen, die viel und gern erzählen und alles kommentieren wollen.

Fiepen Schon die ganz Kleinen wissen sich zu verständigen. Bereits wenige Tage nach der Geburt lassen sie ein lang gezogenes und hohes Fiepen ertönen, wenn sie längere Zeit keinen Körperkontakt zu ihrer Mutter oder ihren Geschwistern hatten, sie Hilfe benötigen, ihnen kalt ist oder sie hungrig sind. Es ist ein eindringlicher Klagelaut, der die Katzenmama sofort handeln lässt.

Quieken Ein Laut, den man öfter hört, wenn zwei Katzen spielerisch miteinander raufen und es zu herzhaft zugeht. Der Ton klingt etwas rauer und kürzer als das Fiepen. Ein kurzes Aufquieken zeigt der Partnerkatze an: „Hey, das war zu fest! Sei vorsichtiger!"

Jammern Ein klagendes und dunkleres, oft lang gezogenes Miauen, das Katzen benutzen, wenn sie sich sehr unwohl fühlen oder nervös sind oder wenn sie etwas vehement einfordern möchten.

Gurren Ähnlich einem kurzen und weich gerollten R nutzen Katzen diesen Laut in der sozialen Interaktion mit befreundeten Artgenossen oder ihren Menschen, zum Beispiel zur freundlichen Begrüßung oder in spielerischen Situationen. Das Gurren kann auch als eine Art Beschwichtigungssignal dienen, um Konflikte zu vermeiden oder zu entschärfen.

Keckern Beobachtet eine Katze eine für sie unerreichbare Beute, so beginnt sie zu keckern. Dabei bewegt sich der Unterkiefer mit schnellen zitternden Bewegungen auf und ab, manchmal klappert sie sogar mit den Zähnen. Benutzt die Katze dabei auch ihre Stimme, klingt es wie Keckern oder Schnattern in unterschiedlicher Intensität. Beim Keckern handelt es sich vermutlich um eine Art Übersprunghandlung durch die Aufregung beim Anblick einer unerreichbaren Beute.

Jaulen oder Heulen Man hört es fast ausschließlich, wenn zwei Kater sich duellieren, es kann aber auch sehr selten von Kätzinnen gezeigt werden. Es ist ein Drohgesang, bei dem das Jaulen in unterschiedlicher Intensität erklingt, und kann in ein eindrucksvolles Gekreische übergehen, wenn die beteiligten Kater zum Kampf übergehen.

> Ein schöner und vertrauter Kuschelmoment. Man kann Cookies Schnurren regelrecht spüren!

> Lenny fühlte sich kurz durch ein Spielzeug bedrängt und faucht. Seine aufgestellten Ohren verraten, dass er keine Angst hat.

> Die fauchende Katze fühlt sich sehr stark bedrängt und bedroht. Die Pupillen und die angelegten Ohren zeigen Angst an.

> „Meins!" Käme Lenny eine andere Katze in die Quere, würde er knurrend seine Beute verteidigen!

Stimmlose Laute

Schnurren Das ist wohl der schönste Laut einer Katze und Balsam für die Seele! Das Schnurren wird mit dem Wohlbefinden der Katze assoziiert. Man hat festgestellt, dass Menschen mit der Ausschüttung von Glückshormonen reagieren, wenn sie einer schnurrenden Katze zuhören. Das Geräusch beruhigt und entspannt uns, kann sogar den Blutdruck senken und die Heilung von Knochenbrüchen unterstützen. Alle Katzen können schnurren. Während sich manch eine schnurrende Katze wie ein Traktor anhört, kann man bei anderen nur eine leichte Vibration wahrnehmen. Sie können über Stunden hinweg schnurren und dabei sogar fressen, trinken oder gleichzeitig miauen. Kitten schnurren, während sie an Mamas Zitzen trinken, und die Katzenmama schnurrt, um ihre Jungen zu beruhigen und ihnen Sicherheit zu geben. Das Schnurren wirkt auch beschwichtigend und wird unter Artgenossen öfter im Zusammenhang mit Begrüßung oder Annäherung verwendet, um Freundlichkeit zu signalisieren. Katzen schnurren auch, wenn es ihnen nicht gut geht, zum Beispiel bei Hunger, Stress, Angst, Krankheit und Verletzungen oder im Sterbeprozess. Das Schnurren wirkt selbstberuhigend und gleichzeitig beschwichtigend auf andere.

Fauchen Dies ist der wohl am häufigsten missverstandene Laut überhaupt, denn viele glauben, dass eine fauchende Katze aggressiv ist. Tatsächlich faucht eine Katze, wenn sie sich bedrängt oder bedroht fühlt. Jede Katze hat ihren individuellen Wohlfühlbereich, der je nach Gegenüber unterschiedlich groß ist. Fühlt sich eine Katze durch die Annäherung eines Artgenossen oder Menschen bedrängt, so bittet sie durch das Fauchen um mehr Distanz. Sie fordert ihr Gegenüber auf, etwas mehr Abstand zu halten bzw. das Bedrängen zu unterlassen. Dieser Bitte sollte man nachkommen, denn hört die Bedrohung nicht auf, kann die Katze deutlicher werden.

Beim Fauchen wird der Atem mit seitlich aufgerollter Zunge kräftig ausgestoßen. Das Mäulchen ist weit geöffnet, die Oberlippe mit gekräuselter Nase nach oben gezogen und die Katze zeigt deutlich ihre Zähne. Je nach Bedrohungsempfinden sind die Ohren der Katze nach hinten am Kopf angelegt und die seitlichen Tasthaare weit nach vorn aufgefächert.

Spucken Spucken dient ebenfalls als Warnlaut und ist eine Steigerung des Fauchens. Dabei stößt die Katze ihren Atem explosionsartig aus, es können Speicheltröpfchen fliegen und sich wie eine Art Bellen anhören. Oft stampft sie dabei mit den Vorderpfoten auf, um dem Ganzen Nachdruck zu verleihen.

Knurren Das Knurren folgt in der Regel auf das Fauchen und Spucken. Respektiert ein Gegenüber die Bitte nach Distanz nicht, teilt die Katze durch das Knurren deutlich mit, dass es kurz vor zwölf ist. Vorsicht! Jetzt ist deine Katze zu Recht bereit, sich zu verteidigen. Durch ihre übrige Körpersprache und Vorwarnungen hat sie schon mehr als deutlich signalisiert, dass sie in Ruhe gelassen werden möchte.
Viele Katzen knurren auch, wenn sie ein begehrtes Spielzeug erbeutet haben und ihren Mitkatzen mitteilen, dass sie bloß keinen Schritt näher kommen sollen. Sie verteidigen ihre Beute – komme, was wolle!

Don't

Bitte versuche nicht, irgendwelche Laute zu imitieren, um mit deiner Katze zu kommunizieren. Das führt nur zu Missverständnissen und kann Ängste bei ihr auslösen.

Von wegen Katzenwäsche

⟶ Katzen sind für ihre ausgiebige Körperpflege bekannt und widmen dieser viel Zeit. Eine gesunde Katze verbringt täglich etwa 30 % ihrer Wachphase mit der Reinigung. Ihre Zunge mit den Papillen ist Waschlappen und Haarbürste zugleich. Zuerst werden Mundpartie und Nase beleckt, danach die Unterarme und Pfötchen mit Speichel benässt, um mit deren Hilfe Gesicht, Augen, Ohren und Nacken zu waschen. Weiter geht es mit den Schultern, der Brust und den Körperseiten und abschließend folgen der Bauch, die Anogenitalregion, der untere Rücken und der Schwanz. Mit ihren vorderen Schneidezähnen knabbert sie im Fell und entfernt kleinere Knötchen oder Fremdkörper. Auch das Sandbaden oder Wälzen gehört zur Körperpflege einer Katze dazu. Sie wälzt sich auf angerauten Untergründen, wie strukturierten Steinen, Sand oder Teppichen, und schüttelt sich, um Parasiten und Fremdkörper aus dem Fell zu entfernen.

Katzen nehmen ihre Körperpflege sehr genau! Mehrmals täglich wird jeder Zentimeter gründlich gewaschen.

Putzen dient nicht nur der Reinlichkeit, sondern hat auch gesundheitsfördernde Funktionen für Haut und Fell.

Genüsslich wälzt sich Lui im frischen Gras und entfernt gleichzeitig Fremdkörper aus seinem Fell.

Putzen nach dem Streicheln

Wir Menschen lieben es sehr: eine Katze, die sich genüsslich an uns schmiegt, ihr Köpfchen in unsere Hand drückt und beim Genießen der Streicheleinheit ein wohliges Schnurren von sich gibt. Ein klares Zeichen, dass deine Katze sich wohlfühlt und ganz im Moment versinken kann. Auch hier werden Gerüche ausgetauscht und die Beziehung untereinander gepflegt und gestärkt. Viele Katzeneltern wundern sich, wenn ihre Katze sich direkt nach einer Streicheleinheit putzt, und vermuten eine ablehnende Haltung der Katze gegenüber der Berührung. Das Gegenteil ist der Fall: Deine Katze nimmt deinen Geruch auf und vermischt ihn mit den anderen. Ein gutes Zeichen also!

Funktionen der Fellpflege

Kühlung Da Katzen nur begrenzt schwitzen können, befeuchten sie ihr Fell bei hohen Temperaturen, um sich abzukühlen.

Talgproduktion Bei der Fellpflege wird die Talgproduktion angeregt und jedes einzelne Haar mit einer pflegenden und schützenden Fettschicht überzogen. Diese wasserabweisende Fettschicht lässt das Fell glänzen, macht es geschmeidig und wirkt schützend vor schädlichen Umwelteinflüssen.

Durchblutung Beim Putzen, Knabbern, Wälzen und Kratzen wird die Durchblutung angeregt. Das fördert die Hautgesundheit, stärkt die Abwehr von Infektionen und beschleunigt die Heilung von kleinen Verletzungen.

Stressabbau Das Putzen kann auch dazu beitragen, Stress abzubauen, da es für Katzen eine beruhigende und entspannende Aktivität ist.

Übersprunghandlung Putzen kann auch eine Übersprunghandlung sein. Die Katze schwankt zwischen verschiedenen Motivationen und kann sich nicht entscheiden. Sie hält inne, leckt sich kurz die Pfote oder am Körper und setzt dann ihre bisherige Tätigkeit fort.

Hier stimmt was nicht

Das Putzen ist ein Komfortverhalten und wirkt entspannend. Beobachtest du ein übermäßiges Putzen und evtl. kahle Stellen im Fell, so ist dies immer ein Zeichen von Krankheit, Unwohlsein und/oder Stress und du solltest, ggf. mit professioneller Unterstützung, auf Spurensuche gehen. Gleiches gilt, wenn deine Katze sich deutlich weniger putzt als üblich und ihre Fellpflege zunehmend vernachlässigt.

Don't

Es gibt Katzen, die Körperkontakt und Berührungen nicht sehr mögen – die Gründe können vielfältig sein. Auch wenn es uns schwerfällt, sollten wir es respektieren, wenn die Katze unsere Berührungen ablehnt.

Schlafen, Ruhen, Dösen und Träumen

→ Katzen können beneidenswerte 12 – 18 Stunden pro Tag schlafen oder ruhen, je nach Jahreszeit, individueller Konstitution, Temperament und Angebot. Für gesunde und normal aktive Katzen sind durchschnittlich etwa 14 Stunden pro Tag üblich. Ganz junge und sehr alte Katzen schlafen sogar noch mehr.

Ruhen Katzen verteilen ihre Schlafphasen über den ganzen Tag, dazwischen gibt es immer wieder Ruhephasen. Von Ruhen spricht man, wenn sich eine Katze mit geschlossenen oder halb geschlossenen Augen hinlegt, aber nicht schläft. Erregt etwas ihre Aufmerksamkeit, ist sie sofort „da".

Dösen Das Ruhen kann ins Dösen übergehen, eine Art Zwischenzustand. Deine Katze dämmert vor sich hin, ist aber noch nicht ganz eingeschlafen. Sie bekommt noch einiges mit, aber einzelne Reize können schon rausgefiltert sein.

Schlafphasen

Wie bei uns Menschen gibt es auch bei Katzen verschiedene Schlafphasen. Leichte Schlafphasen wechseln sich mit Tiefschlafphasen und den REM-Phasen (rapid-eye-movement) ab. Nach der REM-Phase wechselt der Schlaf wieder in die Leichtschlaf- und dann in die Tiefschlafphase. Zwischendurch werden Katzen immer mal wieder kurz wach, strecken sich

Schlafphasen im Überblick

Leichtschlafphase	Die Muskeln der Katze sind entspannt, ihre Atem- und Herzfrequenz ist leicht verlangsamt. Manchmal bewegen sich die Ohren noch in Richtungen, aus denen Geräusche wahrgenommen werden, typische Jagdgeräusche können die Katze schnell wach werden lassen.
Tiefschlafphase	Sie dauert mit 15 – 30 Minuten am längsten. Die Muskelaktivität der Katze ist nun stark reduziert. Diese Schlafphase ist sehr wichtig für die Regeneration und die Stärkung des Immunsystems.
REM-Phase	Sie ist mit nur 5 – 10 Minuten am kürzesten. In dieser Phase kannst du nicht nur schnelle Augenbewegungen beobachten, sondern oft auch allerhand andere Bewegungen. Die Pfoten, Beine und Ohren zucken, manche Katzen miauen und schnattern im Schlaf und besonders lebhafte Träumer knurren oder jammern sogar. Anhand von EEG-Untersuchungen hat man zweifelsfrei festgestellt, dass Katzen in der REM-Schlafphase träumen. Ihre Hirnaktivität ist mit der im Wachzustand vergleichbar, während sie in den Leicht- und Tiefschlafphasen deutlich reduziert ist.

Ihr leicht geöffnetes rechtes Auge und das zu einem Geräusch gedrehte linke Ohr verraten, dass Lexi döst.

ausgiebig, wechseln ihre Liegeposition und schlafen weiter. Manchmal kratzen, gähnen oder putzen sie sich kurz.

Schlafpositionen

Ihre Schlafposition passen die meisten Katzen an ihren gewählten Schlafplatz an. In einem engen Körbchen rollen sie sich entsprechend ein, während sie auf dem Bett oder Sofa auch lang ausgestreckt liegen können, sofern sie sich wohl und sicher fühlen. Auch die Temperatur wirkt sich auf die Schlafposition aus. Je kälter, desto geschlossener, und je wärmer, desto offener ist die Körperhaltung der Katze während des Schlafs.

Don't

Katzen können beneidenswert lange schlafen – der Schlaf ist essenziell für ihre Gesundheit und ihr Wohlbefinden. Auch wenn sie noch so niedlich aussehen, solltest du sie nicht berühren. Katzen mögen ungern im Schlaf geweckt oder gestört werden. Ein unruhiger Schlafplatz kann sogar gemieden werden, wenn sie dort schon öfter gestört wurden.

Der hohe Rand des Katzenbettchens schmiegt sich an den Körper an. Cookie hat sich reingekuschelt.

Je wärmer es ist, desto offener die Schlafposition. Giuliana schläft tief und fest.

Auf der Pirsch

→ Die alltägliche To-do-Liste einer Katze ist lang. Neben ausgiebigen Schlafepisoden gilt es, sich mehrfach täglich intensiv mit der Fellpflege zu beschäftigen, die Umgebung zu erkunden und zu beobachten, Botschaften von anderen Katzen aufzuspüren, mögliche Eindringliche im eigenen Revier fernzuhalten und vieles mehr. Einen großen Anteil am Tagesgeschäft einer Katze nimmt das Aufspüren der nächsten Mahlzeit ein und diese natürlich auch zu jagen und zu erbeuten. Katzen jagen grundsätzlich allein und teilen ihre Beute nicht.

Anschleichen

Eine Katze achtet bei der Jagd immer auch auf ihre eigene Deckung und beobachtet zum Beispiel im hohen Gras oder im Gebüsch. Hat sie eine Beute wahrgenommen, pirscht sie sich geduckt und rasch im Schleichgang heran und lässt dabei ihre Beute keine Sekunde aus den Augen. Kurz vor dieser stoppt sie und geht in Lauerstellung. Dabei liegt sie flach auf dem Boden, die Vorderbeine sind stark angewinkelt und stützen den Körper unterhalb des Schultergelenks. Die Hinterbeine liegen

Leise anschleichen und kurz vor dem Ziel in Lauerstellung gehen. Capuchina ist absprungbereit.

Der Jagdinstinkt ist angeboren und essenziell für das Überleben. Katzen jagen grundsätzlich allein.

mit der gesamten Fußsohle auf, der Schwanz ist meistens gerade nach hinten gestreckt oder seitlich angewinkelt. Jeder Muskel ist angespannt. Kopf, Vibrissen und Ohren sind nach vorn zur Beute gerichtet, damit der Katze nicht die kleinste Bewegung entgeht.
Auf diese Weise kann sie eine ganze Weile verharren und ihre Beute beobachten. Entfernt sich die Beute von der Katze, schleicht sie sich erneut an und geht wieder in Lauerstellung. Wenn sie angriffsbereit ist, schieben sich ihre Hinterpfoten zurück, die Fersen heben vom Boden ab und die Hinterpfoten zucken im rhythmischen Wechsel auf und ab, bis das gesamte Hinterteil rhythmisch zuckt. Dieses sogenannte Wackeln sieht man meist bei jungen Katzen, erwachsene zeigen es nur noch andeutungsweise. Der Schwanz streckt sich gerade nach hinten und auch die Schwanzspitze beginnt zu zucken.

Entfernt sich die Beute, schleicht sich die Katze erneut an und geht wieder in Lauerstellung.

> Lenny stellt sich auf die Hinterpfoten und greift mit den Vorderpfoten nach der Beute.

^ Lenny schnellt aus seiner Deckung vor und macht sich für den Absprung bereit.

> Seine Hinterpfoten bleiben fest im Boden verkrallt. So kann er sofort reagieren, falls ihm die Beute entwischen sollte.

> Meins! Beobachten, Anschleichen, Lauern und dann der finale Absprung waren erfolgreich für Lenny.

Der Beutefang

Nun schnellt die Katze vor und rennt geduckt zur Beute, um dann kurz davor den hochpräzisen Absprung durchzuführen. Dabei drückt sie ihren Körper mit den Hinterpfoten hoch und greift mit weit vorgestreckten Vorderpfoten die Beute, ohne dass die Hinterpfoten den Untergrund verlassen. Dadurch kann sie – je nach Wehrhaftigkeit der Beute – entweder sofort zurückweichen und fliehen oder den Sprung verlängern, falls die Beute entwischt.

Vogelmörder?

Der beschriebene Ablauf macht es einer Katze schwer, einen Vogel zu erbeuten. Sie sitzt in Lauerstellung und beobachtet den Vogel, der durchs Gelände hüpft, möglicherweise kurz sitzen bleibt und etwas vom Boden pickt, um dann weiter zu hüpfen. Die Katze schleicht sich an und begibt sich erneut in Lauerstellung. Dieser Vorgang kann sich einige Male wiederholen, bis er wegfliegt – völlig unerwartet für die Katze, die ihm dann nur noch hinterherschauen kann. Der Vogel hat vermutlich gar nichts von der drohenden Gefahr bemerkt. Katzen sind auf am Boden oder in Höhlen lebende Beutetiere spezialisiert. Bei Mäusen z. B. ist es sinnvoll, längere Zeit in Lauerstellung zu warten, bis sich die Maus weit genug von ihrem sicheren Loch entfernt hat. Würde die Katze beim Anblick der Maus sofort lospreschen oder abspringen, würde sie wahrscheinlich leer ausgehen, da die Maus rechtzeitig in ihre sichere Höhle fliehen kann. Katzen sind sogenannte Ansitz- oder Lauerjäger und können sehr geduldig warten.
Ja, es gibt auch ausgesprochene Vogelspezialisten unter den Katzen, die entsprechend erfolgreiche Strategien erlernt haben, doch das ist eher die Ausnahme. Vielmehr erbeuten Katzen Vögel, die verletzt oder alt sind oder von Menschen zu leichter Beute gemacht wurden, zum Beispiel weil das Futterhäuschen zu niedrig aufgehängt wurde.

Erleichterungsspiel

Katzen werden oft als grausam bezeichnet, wenn sie mit einer verletzten und erschöpften Beute spielen. Dabei wird die halbtote Maus immer wieder in die Luft geschleudert und erneut gefangen. Landet sie auf dem Boden und versucht sich mit letzter Kraft in Sicherheit zu bringen, springt die Katze erneut auf die Maus oder stupst sie mit der Pfote an, damit das Spiel weitergehen kann.
Dieses zugegebenermaßen grausame Schauspiel nennt sich Erleichterungsspiel und ist eine von wenigen Änderungen, die sich im Laufe der Evolutionsgeschichte der Katze ergeben haben. Die Vorfahrin unserer Katzen, die afrikanische Falbkatze, zeigt dieses Erleichterungsspiel auch, jedoch tötet sie ihre Beute erst und spielt danach. Bei unseren Katzen ist es andersrum. Diese Art Spiel wird besonders häufig beobachtet, wenn Katzen es mit einer eher wehrhafteren Beute zu tun haben oder sie nur sehr selten lebende Beute erjagen. Beim Erleichterungsspiel wird die Anspannung des Jagdprozesses abgebaut.

Eddie hat die Beute mit beiden Vorderpfoten und den Zähnen fest im Griff und setzt nun den Tötungsbiss an.

Katzen unter sich

Verstehen und verstanden werden

Früh übt sich …

⟶ Katzen leben in den verschiedensten Sozialsystemen mit sehr komplexen und vielfältigen Strukturen und allein damit könnte man ein ganzes Kapitel füllen. Das mag überraschen, galten Katzen doch lange Zeit als Einzelgänger. Auch heute noch gibt es oft hitzige Diskussionen darüber, ob Katzen nun allein leben sollten oder kätzische Gesellschaft brauchen. Die Wahrheit liegt irgendwo dazwischen und eine allgemeingültige Antwort darauf gibt es nicht. Die Welt dieser faszinierenden Tiere ist weder schwarz noch weiß – vielmehr gibt es unzählige Zwischentöne und jede Katze muss für sich als eigenständiges Individuum mit eigenen Charakterzügen, Erfahrungen und sozialen Vorlieben betrachtet werden. Und so gibt es ausgesprochene Einzelgänger ebenso wie Katzen, die ohne Artgenossen todunglücklich wären.

Soziale Kompetenz

Katzen haben eine hohe soziale Kompetenz und viele schätzen den Kontakt zu Artgenossen. Die Anlagen für ihre soziale Kompetenz werden bereits im Kittenalter festgelegt und erlernt. Der Sozialisationsprozess beginnt schon während der Trächtigkeit. Ist die Katzenmama in dieser Zeit dauerhaft großem Stress ausgesetzt, kann dies Auswirkungen auf die Entwicklung des Gehirns und des Stoffwechsels der Katzenkinder haben. Und nach der Geburt gibt die Katzenmama ihre eigenen Erfahrungen und Erlebnisse an ihre Kätzchen weiter.

Spielerisch üben Kätzchen Sozialverhalten, verfeinern Jagdtechniken und lernen, mit Misserfolgen umzugehen.

Junge Katzen erkunden ihre Umwelt und testen Grenzen. Man muss darauf achten, dass sie sich nicht verletzen.

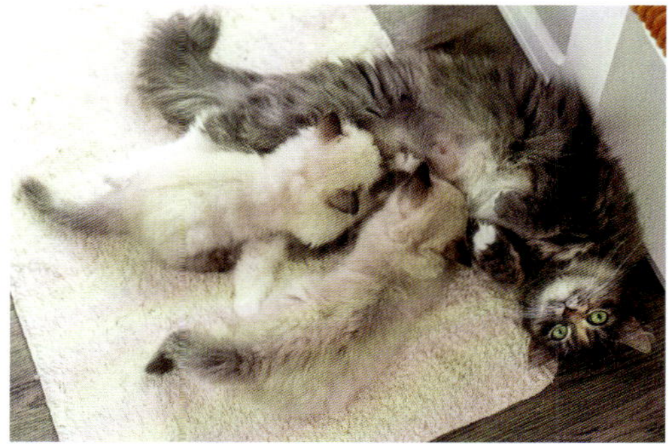

Die Katzenmama bereitet ihre Kitten aufs Leben vor, prägt sie aber auch durch ihre eigenen Erfahrungen.

Sozialisationsphasen

Katzen sind intelligente, lernwillige und wissbegierige Tiere. Besonders die Informationen, die sie in den ersten Wochen und Monaten ihres Lebens, der Sozialisationsphase, aufnehmen, werden sie für ihr gesamtes Leben prägen und begleiten. Auf spielerische Weise lernen sie im Umgang mit ihren Geschwisterchen und der Katzenmama, wie man rauft und jagt und wann es zu viel oder zu fest ist. Und sie erfahren auch mal Ablehnung oder Misserfolge und lernen dadurch, mit Frustration umzugehen.
Die sogenannte juvenile Phase beginnt etwa mit der 8. Lebenswoche. Hier lernen die Kätzchen bestimmte Signale zu verwenden, um ihre Wurfgeschwister zum Spiel aufzufordern. Sie üben emotionale und motorische Selbstkontrolle und den Einsatz ihrer Krallen sowie das Zubeißen zu koordinieren. Zwischen der 9. und 14. Lebenswoche nimmt das soziale Spiel mit Artgenossen die intensivste Phase ein. In dieser Zeit werden die wichtigsten Anlagen gelegt, um zu sozialen Tieren heranzureifen. Dieser Prozess kann bis in die Pubertät mit etwa 7–9 Monaten andauern. Das gemeinsame Spiel kann mit zunehmendem Alter immer gröber werden und die sozialen Kampfspiele können einen ernsthaften Charakter annehmen.

Resilienz stärken

In den Sozialisationsphasen sollten die jungen Kätzchen nicht nur den Umgang mit Artgenossen kennen und erlernen, sondern im Idealfall auch typische Haushaltsgeräusche und den Umgang mit unterschiedlichen Menschen, Kindern oder Babys und vielleicht sogar anderen Haustieren, wie z. B. Hunden. Auf diese Weise werden die wesentlichen Grundsteine für eine resiliente Katze gelegt, die später im Alltag so schnell nichts erschüttern kann.
Im Umkehrschluss können erwachsene Katzen eine fehlende Kompetenz im Umgang mit Artgenossen haben oder ängstlich auf Alltagssituationen reagieren, wenn entscheidende Sozialisations- und Prägephasen nicht optimal durchlaufen werden konnten. Handaufzuchten, das Heranwachsen der Kätzchen in einer reizarmen und restriktiven Umgebung und eine zu frühe Trennung von der Mama und den Geschwistern haben häufig zur Folge, dass die betreffenden Katzen im Laufe ihres Lebens auffällige Verhaltensweisen entwickeln.

Do!

Um optimal auf das Leben vorbereitet und gut sozialisiert zu sein, sollten Kätzchen frühestens ab der 12. Lebenswoche, besser erst mit etwa 16 Wochen abgegeben werden!

Revierverhalten

⟶ Katzenreviere können aufgrund verschiedenster Umweltbedingungen und der örtlichen Katzendichte sehr unterschiedliche Größen und Ausmaße haben. Das können sowohl kleine Hinterhöfe in Großstädten sein, die sich mehrere Katzen teilen, als auch riesige Areale, die von einzelnen Katzen beansprucht und verteidigt werden.
Benachbarte Freigängerkatzen, die sich untereinander kennen, können je nach sozialer Kompetenz friedlich miteinander auskommen. Verändert sich jedoch das soziale Gefüge durch den Zu- oder Wegzug einzelner Katzen, können diese Strukturen zeitweilig ins Wanken geraten und Individualbereiche müssen unter Umständen neu aufgeteilt werden.

Auf den Streifzügen durchs Revier kann es immer wieder mal zu überraschenden Begegnungen kommen.

Revierzonen

Reviere vereinen die wichtigsten Ressourcen einer Katze. In der Kernzone gibt es gut geschützte Schlafplätze sowie übersichtliche Plätze zum Ruhen und entspannten Sonnenbaden. Das Zuhause gehört zur Kernzone. Um die Kernzone herum ist das Streifgebiet mit einem ausgeklügelten Wegenetz, wo gejagt und erkundet wird. Die Grenzen der Katzenreviere sind nicht immer und überall klar abgesteckt und können sich mit den Revieren benachbarter Katzen überlappen.
Alle Katzen, auch Wohnungskatzen ohne Freigang, kontrollieren mehrmals täglich ihr (Wohnungs-)Revier, erneuern Markierungen und schauen nach dem Rechten. In den Überlappungsgebieten der Reviere von Freigängerkatzen gibt es häufig eine Art Time-Sharing-System, eine ungeschriebene Vereinbarung über die jeweiligen Nutzungszeiten.

Revierstreitigkeiten

Katzen sind territoriale Tiere, Revierkämpfe gehören zur aktiven Verteidigung des eigenen Reviers dazu. Dennoch liegt es in ihrer Natur, Auseinandersetzungen aus dem Weg zu gehen, denn die Möglichkeit, dabei verletzt zu werden und dadurch so beeinträchtigt zu sein, dass die Nahrungssuche und damit das Überleben in Gefahr sind, ist groß. Allerdings lassen sich Begegnungen nicht immer vermeiden, und so haben Katzen einige Strategien, um ernsthaften Kämpfen aus dem Weg zu gehen.

Diese beiden Kater zeigen Imponiergehabe und Drohgebärden. Das kann in einen heftigen Kampf ausarten.

Neutrale Begegnungen Treffen sich zwei Katzen, die eine mehr oder weniger neutrale Beziehung zueinander haben, werden vorwiegend Beschwichtigungssignale genutzt, um dem Gegenüber zu signalisieren, dass man friedlich und zurückhaltend gestimmt ist. Dazu gehören das Blinzeln und Abwenden des Blickes, gelegentlich auch ein Gähnen oder kurzes Putzen der Pfote. Gähnen und Putzen sind auch Übersprunghandlungen, die häufiger in leichten Konfliktsituationen gezeigt werden – eine moderate Stressreaktion also. Andere kleinere Stressreaktionen bei derartigen Begegnungen können auch ein kurzes Schmatzen oder Schlecken über den Nasenspiegel sein.

Eindringlinge Kommt es in den Streifgebieten oder sogar in der Kernzone eines Reviers zu überraschenden Begegnungen mit einer unbekannten Katze, wird der Eindringling meist schnell und unmissverständlich von der revierinhabenden Katze mit raschen und heftigen Pfotenhieben „verkratzt". Kennt man einander bereits und begegnet sich im Streifgebiet, wird eine der beiden Katzen kurz innehalten und warten, bis die andere vorbeigegangen ist, und dann selbst den Weg fortführen.

Auf Distanz Andere Katzenbegegnungen mit potenziellen Rivalen haben ein wesentlich größeres Repertoire an meist defensiv motivierten Verhaltensweisen. Begegnen sich zwei Katzen auf eine größere Distanz, werden beide zunächst kurz innehalten und die Situation einschätzen. Während die mutigere Katze ihr Gegenüber mit Blicken fixiert und anstarrt, wird die andere ihren Körperschwerpunkt nach hinten verlagern und sich kleiner machen. Mit Blinzeln und Wegschauen wird sie versuchen, ihr Gegenüber zu beschwichtigen, und signalisieren, dass von ihr keine Gefahr ausgeht. In Zeitlupe bewegt sie sich Schritt für Schritt aus der Gefahrenzone.

> Begegnen sich zwei Katzen im Revier auf größere Distanz, halten beide erstmal inne ...

... und schätzen die Situation ein. Eine von beiden wird sich dann defensiv zurückziehen.

Kommt es zu überraschenden Begegnungen, wird der Eindringling „verkratzt".

> Manchmal verbringen sie auch gemeinsame Zeit, bis sich ihre Wege wieder trennen.

Unterlegen Eine unterlegene Katze kann auch alle anderen defensiven Verhaltensweisen zeigen, wie du sie im Kapitel 2 bereits kennengelernt hast. Mit Fauchen, Spucken und Knurren versucht sie sich mehr Freiraum zu verschaffen. Sie legt zum Schutz die Ohren an, macht sich klein und versucht, die Distanz zur anderen Katze zu vergrößern.
Das Fatale: Bietet sich für die bedrohte Katze eine Fluchtgelegenheit, löst dies nicht selten eine Verfolgung der Täterkatze aus und endet dann in einem Kampf, weil die unterlegene versucht, sich zu verteidigen. Eine offensive Katze zeigt hingegen typisches Drohverhalten: Die Rückseiten der Ohren sind nach vorn gedreht, ihr Gegenüber wird mit starrem Blick fixiert und mit erhobener Pfote werden Schläge angedeutet.

Katerkämpfe

Treffen zwei fremde Kater im Outdoor-Revier erstmals aufeinander, versuchen sie zunächst, sich mit viel Droh- und Imponiergehabe gegenseitig zu beeindrucken. Will keiner von beiden nachgeben, kann es heftig zur Sache gehen. Hier wird das gesamte Aggressionspotenzial aufgefahren. Beide Kater machen sich groß und zeigen ausgeprägte Drohgebärden. Individuelle Distanzen werden bewusst unterschritten, es wird gejault und geschrien und immer wieder fliegen die Fetzen. Dies kann auf beiden Seiten mit Kratz- und auch Bissverletzungen enden. Ist jedoch geklärt, welcher der beiden Kater der mutigere oder hartnäckigere ist, kommt es bei weiteren Begegnungen seltener zu Kämpfen. Meistens bleibt es von nun an beim Imponiergehabe. Derartige Auseinandersetzungen treten häufiger bei unkastrierten Katern auf, da sie aufgrund ihres Fortpflanzungstriebes wesentlich größere Gebiete durchstreifen und somit häufiger anderen Katern begegnen. Kastrierte Kater werden ruhiger und sesshafter und können sich durch ein vermindertes territoriales und aggressives Verhalten gegenüber anderen Katern besser integrieren.

Geselliges „Stelldichein"

Das Gegenteil von Revierstreitigkeiten und Verteidigungsstrategien sind friedliche Zusammentreffen auf neutralem Boden. Hierfür verlassen sowohl Kater als auch Kätzinnen ihre angestammten Reviere und treffen sich zu einem teils stundenlang andauernden geselligen Beisammensein an einem neutralen Ort. Alle sind friedlich, genießen die gemeinsame Ruhe an ihrem Platz und wahren dabei die Wohlfühldistanzen der anderen anwesenden Katzen. Manche rücken sogar zueinander, um ein wenig zu kuscheln oder sich gegenseitig bei der Fellpflege zu unterstützen. Nach einiger Zeit geht jede Katze wieder ihrer Wege.

Do!

Unabhängig von Kater- und Revierkämpfen sollte die Kastration von Katzen beider Geschlechter, egal ob Freigänger oder Wohnungskatze, aus vielerlei Gründen selbstverständlich sein und ist in vielen Regionen sogar verpflichtend. Gleiches gilt für das Chippen und Registrieren in einem Haustierregister.

Katzenmythen ade!

Mythos Rangordnung

Vieles an früherem Katzenwissen konnte zwischenzeitlich widerlegt werden, dennoch halten sich manche Mythen rund um die Katze hartnäckig. So ist beispielsweise das Konzept von festen Rangordnungen mit linearen Strukturen oder einer Art Rudelgehorsam unter Katzen ein nach wie vor weit verbreiteter Mythos. Zwar werden bei Revierstreitigkeiten oder Katerkämpfen Rangpositionen ausgefochten, diese sind aber keineswegs starr und allgemeingültig, sondern können sich jederzeit situativ und orts- oder zeitgebunden verändern.

Mythos Dominanz

Auch wird sehr häufig bei zusammenlebenden Katzen in konfliktbehafteten Beziehungen der Begriff „Dominanz" oder „Alphatier" verwendet und beschrieben, dass eines der Tiere sich stets durchsetzt und seine Position behauptet und die übrigen Katzen sich „unterordnen". Tatsächlich ist dies vielmehr eine Interpretation und die Ursachen für ein solches Verhalten sind vielfältig: Mangelnde soziale Kompetenz, unpassende Katzencharaktere, unerfüllte Bedürfnisse oder fehlende Ressourcen sind nur einige der infrage kommenden Faktoren. Sucht eine der Katzen oft Streit, stellt anderen nach oder vertreibt sie von begehrten Ressourcen, ist die bestehende Katzenbeziehung in eine Schieflage geraten und die betreffenden Katzen brauchen Unterstützung. Gäbe es nämlich im Umkehrschluss eine Art lineare Hierarchie innerhalb einer Katzengruppe, wären die Positionen der jeweiligen Katzen klar definiert und es bräuchte auch keine Konflikte.

Mythos „Konflikte müssen sie unter sich regeln"

Ebenso wenig hilfreich sind schnell gefundene Tipps, dass zusammenlebende Katzen Konflikte unter sich ausmachen müssen. Derartige Ratschläge können fatal enden, denn sie berücksichtigen keinerlei begleitende und beeinflussende Faktoren oder die individuellen Erfahrungen der jeweiligen Katzen. Für eine stabile, vertrauensvolle und harmonische Beziehung untereinander sind positive Erlebnisse essenziell und wir sollten unsere Katzen in Streitsituationen konstruktiv unterstützen sowie ein friedvolles Miteinander fördern.

Mythos Unterwerfung

Ein weiterer Mythos sind Unterwerfungsgesten bei Katzen. Eine Katze, die sich bei einer tätlichen Auseinandersetzung mit einer anderen Katze auf die Seite oder den Rücken legt, unterwirft sich keineswegs. Stattdessen bringt sie sich dadurch sogar in eine vorteilhaftere Position, um sich mit allen 18 Krallen und ihren Zähnen bestens verteidigen und ihren Gegner an der empfindlichen Bauch- und Halsregion verletzen zu können.

< Ständige Konfliktsituationen sind Gift für eine harmonische Katzenbeziehung.

∨ Ein „Die-regeln-das-Untereinander" ist wenig hilfreich und schwächt dauerhaft die Beziehung.

∧ Rangordnungs- oder Dominanzkonzepte sind Mythen.

< Auf dem Rücken liegend hat Nala die bessere Verteidigungsposition.

Beziehungskisten im Mehrkatzenhaushalt

⟶ Harmonische Katzenbeziehungen und ein freundschaftliches Zusammenleben von zwei oder mehreren Katzen im gleichen Haushalt sind durchaus möglich. Grundlegende Voraussetzungen hierfür sind allerdings eine gute Sozialisation, zueinanderpassende Charaktere, rundum erfüllte Bedürfnisse und ausreichend Möglichkeiten für individuelle Freiräume. Und natürlich müssen auch wir Menschen unsere Katzen in der Beziehungspflege unterstützen. Je nachdem, wie gut die Katzen in einem Mehrkatzenhaushalt zueinanderpassen, sind die Beziehungen von unterschiedlichen Intensitäten und Interaktionen geprägt.

Sehr soziale und gut befreundete Katzen

Jede Katze hat, genau wie wir Menschen, einen individuellen Wohlfühlbereich um sich herum, der je nach Gegenüber flexibel ist. Katzen, die eine sehr innige Freundschaft pflegen, suchen regelmäßig den Kontakt zueinander, putzen sich gegenseitig und begrüßen sich intensiv nach der Rückkehr vom Freigang oder nach dem Mittagsschläfchen. Bei Katzen, die etwas weniger innig, aber dennoch sehr sozial miteinander sind, fallen die Kontakte weniger intensiv aus. Sie begrüßen sich meist mit einem kurzen Näseln, gegenseitiges Putzen findet gelegentlich statt.

Sky und Lexi mögen sich sehr und kuscheln regelmäßig miteinander.

Auch das gleichzeitige Nutzen des Kratzbaums ist ein freundschaftliches Verhalten.

Befreundete, soziale Katzen erkunden gern gemeinsam Neues, anstatt sich um die Ressource zu streiten.

Nähe ist nicht gleich Nähe

Wenn wir an befreundete Katzen denken, haben wir schnell das Bild von zwei kuschelnden Miezen vor Augen. In der Realität ist dies eher selten der Fall. Gemeinsames Kuscheln wird häufig von Jungkatzen gezeigt; mit zunehmendem Alter schätzen auch Katzen ihre Freiräume und eigenen Schlafplätze und genießen nur gelegentlich kuschelige Momente miteinander. Wenn bei dir also ein Katzenpärchen wohnt, das oft und gern miteinander kuschelt, dann darfst du dich umso mehr freuen. Katzenfreundschaft kann auch bedeuten, dass man sich dasselbe Sofa teilt – jede in ihrem Bereich – oder dass man gleichzeitig auf unterschiedlichen Ebenen des Kratzbaums liegt.

Teilen und unterstützen

Typisch für eine harmonische Katzenbeziehung ist auch, dass sich die Katzen gegenseitig unterstützen und sich aneinander orientieren. Neues wird gemeinsam erforscht und erkundet, in aufgeregten oder ängstigenden Situationen gibt man sich gegenseitig Halt und Kraft und kümmert sich liebevoll um die Partnerkatze, wenn diese sich erschreckt oder verletzt hat.
Gut befreundete Katzen können die vorhandenen Ressourcen untereinander aufteilen und diese gemeinsam oder abwechselnd nutzen. Sie respektieren die jeweiligen Freiräume und Gewohnheiten der Partnerkatze. Je nach Intensität der Freundschaft spielen sie regelmäßig miteinander und können auch mit kleineren Konflikten gut umgehen. In emotional hitzigen Situationen tolerieren sie die jeweils andere in unmittelbarer Nähe oder sogar mit Körperkontakt.

Zusammenfassend kann man sagen, dass gemeinsame Aktivitäten, wie Begrüßungen, gegenseitige Körperpflege, Körperkontakt, gemeinsame Erkundungen und Interaktionen, für eine stabile und harmonische Katzenfreundschaft sprechen, die auch mit gelegentlichen Konflikten oder Unstimmigkeiten umgehen kann.

Spiel oder Ernst?

⟶ Passen zusammenlebende Katzen gut zueinander und verstehen sich prima, so sind soziale Spiele normal und kommen neben gemeinsamem Kuscheln und Putzen regelmäßig vor. Doch die Katzensprache ist sehr komplex und nicht immer eindeutig. Dadurch können Katzenspiele als kämpferisch und aggressiv missverstanden werden, wenn es etwas rabiater zugeht, oder tatsächliche Kämpfe als Spiel interpretiert werden. Und dann gibt es auch noch den Fall, dass ein Spiel kippen und einen ernsthaften Charakter annehmen kann. Häufig ausgelöst durch ein unausgewogenes Kräfteverhältnis, wenn eine der beiden Katzen etwas gröber spielen oder gar raufen möchte oder ein übersteigerter Enthusiasmus in einer ausgewachsenen Rauferei endet. Ganz schön verwirrend, oder?

Mein Tipp

Gelegentliche Auseinandersetzungen kommen in den besten Familien vor und sind selbst unter Katzen, die ein freundschaftliches Team bilden, möglich. Wenn du bemerkst, dass deine Katzen miteinander streiten, solltest du sie konstruktiv unterstützen. Nutze dafür etwas, was sehr gut als Ablenkung funktioniert, z. B. eine Spielangel, und biete eine ausreichend lange Alternativbeschäftigung an. Meistens beruhigen sich die Gemüter schnell wieder.

Unter befreundeten Katzen kann das gegenseitige Putzen auch mal in ein Gerangel übergehen.

Ob das Gerangel einen spielerischen oder kämpferischen Charakter annimmt, kann situativ unterschiedlich sein.

So unterscheidest du Spiel und Ernst

Spiel	Ernst
Die Ohren sind gerade und oben, evtl. leicht nach vorn gerichtet.	Die Ohren sind in Droh- oder Abwehrstellung.
Die Vibrissen sind nach vorn zur anderen Katze gerichtet.	Die Vibrissen sind meistens angelegt.
Entspannte Augen, leicht geöffnet	Anstarren der Partnerkatze
Das Fell liegt glatt am Körper an.	Das Fell kann teilweise aufgestellt sein.
Typischerweise ohne Krallen. Ein Zwicken mit den Zähnen kann vorkommen, die Bisse sind jedoch gehemmt. Keine Verletzungsabsicht.	Es kann durchaus eine Verletzungsabsicht geben, Krallen und Zähne werden bewusst als Waffen eingesetzt.
Fließende und lustig anmutende Bewegungen wie Ausweichen, Springen, Sich-Ducken und Weghoppeln sind ganz typisch. Die Katzen ändern ihre Körperpositionen, werfen sich auf die Seite, rollen sich, stehen zwischenzeitlich wieder auf.	Starre Körperbewegungen, auffällige Droh- oder Abwehrhaltungen.
Im gemeinsamen Spiel gibt es kleinere Pausen, in denen sich die Katzen neu sortieren oder kurz beobachten, um dann weiterzuspielen.	Keine Pausen. Kleine Positionsveränderungen lösen Angriffe aus.
Keine abwehrenden Lautäußerungen, höchstens mal ein Quieken.	Fauchen, Knurren, Spucken und Schreien sind mögliche Laute.
Die Rollen wechseln und die verfolgte ist auch mal die jagende Katze und umgekehrt.	Kein Rollenwechsel
Ein Spiel lässt sich leicht für einen Moment unterbrechen, wenn die Katzen ein spannendes Geräusch wahrnehmen. Sie können danach nahtlos weiterspielen.	In einer wirklichen Auseinandersetzung kann keine der beiden Katzen einfach aufhören und weggehen. Stattdessen wird eine der beiden Katzen versuchen, sich in Sicherheit zu bringen. Oft wird diese anschließend im Versteck belauert.
Angriffe sind Scheinangriffe auf die Mitkatze. Die eine Katze schleicht sich mehr oder weniger unbemerkt an die Spielpartnerin an, springt im letzten Moment in Richtung der „Beute“, landet jedoch kurz davor und dreht sofort ab.	Angriffe finden gezielt statt und es wird bewusst gekämpft.

Hier stimmt was nicht!

→ Veränderungen und Unstimmigkeiten in einer Katzenbeziehung entwickeln sich oft schleichend und unbemerkt, da Katzen sehr subtil kommunizieren. Wenn wir Menschen wahrnehmen, dass sich etwas verändert hat, ging dem möglicherweise schon ein längerer Prozess voraus, dessen Gründe vielfältig sein können.

Einschüchtern

In weniger harmonischen Katzenkonstellationen muss es nicht gleich körperlich werden, um die Partnerkatze einzuschüchtern. Ein einseitiges, eher hektisches Putzen der Partnerkatze mit Festhalten oder Umklammern kann bereits Überlegenheit signalisieren, im Sinne von „Ich putz dich hier weg", zum Beispiel, wenn eine Katze den beliebten Schlafplatz für sich beanspruchen möchte. Auch typisch ist es, den Bewegungsradius der Partnerkatze langsam und schrittweise einzuschränken. Ein regelmäßiges Anstarren, was auch aus einiger Entfernung stattfinden kann, sendet eine recht bedrohliche Message an das Gegenüber und sorgt für zunehmende Einschüchterung. Niemand fühlt sich gern beobachtet!

Negative Veränderungen in Mehrkatzenhaushalten beginnen schleichend und können viele Facetten haben.

Blockieren

Wege und Durchgänge werden blockiert, indem sich die offensivere Katze mittig in den Weg legt, beispielsweise in einen engen Flur. Ist die „Opferkatze" bereits merklich eingeschüchtert, wird sie nun mit einigem Abstand vor der blockierten Tür sitzen bleiben und mit Gähnen, Blinzeln und Wegschauen versuchen zu beschwichtigen. Eine mutigere Katze wird versuchen, in einem möglichst großen Bogen vorbeizulaufen, riskiert hierbei aber eine Auseinandersetzung. Beide Verhaltensstrategien sind sehr erfolgversprechend für die „Täterkatze" und motivieren zur Wiederholung und Ausweitung der Einschüchterungen.
Aus-der-Entfernung-Anstarren und Wege-Blockieren erscheinen oft harmlos und werden schnell als „Sie macht doch gar nichts, sie liegt einfach nur friedlich da" missverstanden.

Auflauern

Eine beliebte Mobbingmethode ist das Hinterherlaufen oder Auflauern beim Toilettengang. Für das ungeübte Auge ist noch keine Bedro-

Anstarren, Wege blockieren und das Vertreiben von beliebten Plätzen sind typische Warnsignale.

hung erkennbar, denn Verfolgen und Auflauern sehen harmlos aus und können sogar als besonderes Interesse an der Partnerkatze missverstanden werden. Eine „Opferkatze" jedoch wird in ihrem Bewegungsradius immer weiter eingeschränkt und kann sich nur noch unter großem Stress bewegen oder die Toiletten benutzen. Möglicherweise versucht sie mit Fauchen, Knurren und abwehrenden Tatzenhieben den Artgenossen auf Abstand zu halten, und wird dadurch sogar oft für die aggressive und streitsuchende Katze gehalten. Sie zieht sich zunehmend zurück, verlagert ihre Aktivitäten auf ungewöhnliche Zeiten, wird ruhiger und spielt vielleicht nicht mehr so gern.
All diese Begrenzungen können bei der „Opferkatze" auf Dauer zu stressbedingten Erkrankungen und Verhaltensauffälligkeiten führen.

Do!

In vielen Fällen lassen sich solche Entwicklungen befrieden, wenn die Ursachen gefunden werden. Neben gesundheitlichen Beschwerden sind Langeweile, Frustration und zu wenig Ressourcen häufige Gründe. Katzen sind sehr intelligente Tiere, die gefördert werden möchten und unbedingt einen abwechslungsreichen Alltag brauchen. Katzenexpert*innen unterstützen dich dabei.

Angriffe und Streitigkeiten passieren oft viel später, wenn der Stresspegel schon entsprechend hoch ist.

Aber auch die „Täterkatze" steht unter Druck, denn sie muss die Partnerkatze stets im Auge behalten.

Noch mehr Unhöflichkeiten

Weitere Veränderungen, die auf eine unausgewogene Katzenbeziehung hindeuten, sind:

- das Missachten von Beschwichtigungssignalen oder Übergehen von Abstandsbitten.
- einseitige Verfolgungsjagden, bei denen sich die „Opferkatze" in ein Versteck flüchtet und dort belauert wird.
- Wegdrängen vom Futternapf und das Verscheuchen der Partnerkatze von ihrem Platz.
- Es kommt immer häufiger zu Angriffen und Streitigkeiten untereinander mit entsprechenden Abwehrreaktionen.
- Auch Harnmarkieren kann gezeigt werden.

Don't

Warte bitte nicht darauf, dass sich Konflikte von allein lösen. Ohne Unterstützung werden sie sich verstärken und wahrscheinlich in teils heftige Streitereien ausarten. Das sollte unbedingt vermieden werden, denn jedes negative Erlebnis verringert die Wahrscheinlichkeit, dass die beiden Katzen sich wieder annähern können.

Es kracht!

Die umgerichtete Aggression

Katzen sind sehr reaktive Tiere und sogenannte umgerichtete Aggressionen kommen leider häufiger vor. Hierbei wird ein Schreckereignis falsch verknüpft und die Katze, die erschrocken ist, macht die Partnerkatze dafür verantwortlich. In einigen Fällen und je nach Stabilität der Beziehung zweier Katzen können sich beide in getrennten Räumen nach einiger Zeit beruhigen und sich später wieder neutral und freundlich begegnen.

Sehr häufig ist es leider so, dass Schreck und Partnerkatze nun unmittelbar miteinander verknüpft sind und schon beim Anblick der Partnerkatze Aggressionen ausgelöst werden. Diesen Lerneffekt nennt man konditionierte emotionale Reaktion. Beide Katzen müssen unbedingt vor weiteren Kämpfen geschützt und wieder behutsam systematisch zusammengeführt werden. Je nachdem, wie stabil die Beziehung der beteiligten Katzen vorher war, kann ein solcher Wiederzusammenführungsprozess Wochen oder Monate dauern und in manchen Fällen eine Annäherung auch gar nicht mehr möglich sein.

Andauernder Streit

Eine umgerichtete Aggression ist nicht immer ursächlich, wenn zwei Katzen sich nicht (mehr) verstehen. Frei lebende Katzen können sich aus dem Weg gehen oder sogar abwandern und sich ein neues Revier suchen. Das kann bei Wohnungskatzen mit Freigangmöglichkeit unter Umständen auch passieren. Leben Katzen in reiner Wohnungshaltung, so birgt schon der begrenzte Platz ein gewisses Konfliktpotenzial. Kommen dann noch weitere Punkte dazu, wie beispielsweise eine restriktive Haltung, Mangelressourcen, Langeweile oder Schmerzen, hat man reichlich Zündstoff für streitbehaftete Katzenbeziehungen.

Heftige Streitereien werden häufig ausgelöst durch unpassende Katzenkonstellationen und zu schnelle oder unüberlegte Zusammenführungen. Als territoriales Tier ist die Katze darauf bedacht, ungebetene Eindringlinge im Revier zu vertreiben beziehungsweise sich als

Do!

Sollte es zu derartig heftigen Aggressionen unter deinen Katzen kommen, versuche trotz aller Emotionalität möglichst ruhig zu bleiben und die Katzen vorsichtig räumlich zu trennen, ohne Sichtkontakt zueinander. Weitere Auseinandersetzungen müssen vermieden werden, denn je öfter die Katzen miteinander kämpfen, desto schlechter die Prognose. Suche dir möglichst schnell Unterstützung von Katzenexpert*innen.

Wenn zusammenlebende Katzen plötzlich miteinander kämpfen, ist dies für alle Beteiligten eine hochemotionale und herausfordernde Situation.

Neuankömmling einen Bereich zu erobern. Passen mehrere Katzen nicht (mehr) zueinander, sind Kämpfe an der Tagesordnung. Es wird gekratzt, gebissen, gekreischt und geknurrt und nicht selten fließt auch Blut. Ein unhaltbarer Zustand und maximaler Stress für die betreffenden Katzen!

Sonderfall Tierarztbesuch

Ein typisches Beispiel für defensiv motivierte Aggressionen gegenüber einer Partnerkatze ist, wenn diese aus der Tierarztpraxis zurückkehrt und durch anhaftende fremde Gerüche, ein verändertes Aussehen oder seltsame Bewegungen nicht erkannt wird. Katzen können in diesen Fällen mit Unsicherheit oder sogar Angst reagieren, wenn eigentlich Bekanntes durch äußere Faktoren gestört wird.

Typische Gründe für heftige Aggressionen

- Angst- und panikauslösendes Ereignis
- Erkrankungen, körperliche Beschwerden und Schmerzen
- Charakterlich nicht zusammenpassende Katzen
- Mangelressourcen, reizarme Umgebung und Restriktionen
- Trauma und negative Erfahrungen
- Überforderung und Stress
- Langeweile und Frustration
- Grenzüberschreitungen und Missachtung körpersprachlicher Signale

Katzen & Menschen

Miteinander leben, miteinander reden

Vertraute Begrüßung

⟶ Jede Katze hat ihre eigene Persönlichkeit und ihren eigenen Charakter – so wie wir Menschen auch. Logisch, dass auch Katzen und Menschen zueinander passen müssen. Denn wer sich für das Zusammenleben mit Katzen entscheidet, übernimmt eine große Verantwortung für viele Jahre mit all ihren Facetten. Die Entscheidung für Katzen als Familienmitglieder sollte wohlüberlegt sein und zu deinen Lebensumständen passen.

Perfect match

Lebst du in einer quirligen und aktiven Familie mit mehreren Kindern, würden sich schüchterne oder ängstliche Katzen vermutlich überfordert fühlen. Aktive Katzen, die viel Beschäftigung und Bewegung brauchen, können sich in einer kleinen Stadtwohnung unter Umständen nicht richtig entfalten. Hat sich aber ein „perfect match" gefunden, können ganz wundervolle und vertrauensvolle Verbindungen entstehen.

Begrüßungsrituale

Der allererste Kontakt beginnt immer mit einer Begrüßung und im Laufe einer Katze-Mensch-Beziehung werden sich eine ganze Reihe an Begrüßungsritualen entwickeln. Sie sind sehr wichtig für eine starke Bindung zwischen Katze und Mensch, denn jede liebevolle Interaktion fördert eine positive Beziehung zueinander. Auch Katzen wollen gesehen und wahrgenommen werden.

Jede Katze hat ihre eigenen Begrüßungsvorlieben und es entwicklen sich ganz individuelle Rituale.

Nimmt deine Katze Kontakt zu dir auf, geh auf sie ein! Begrüße sie und sprich mit ihr.

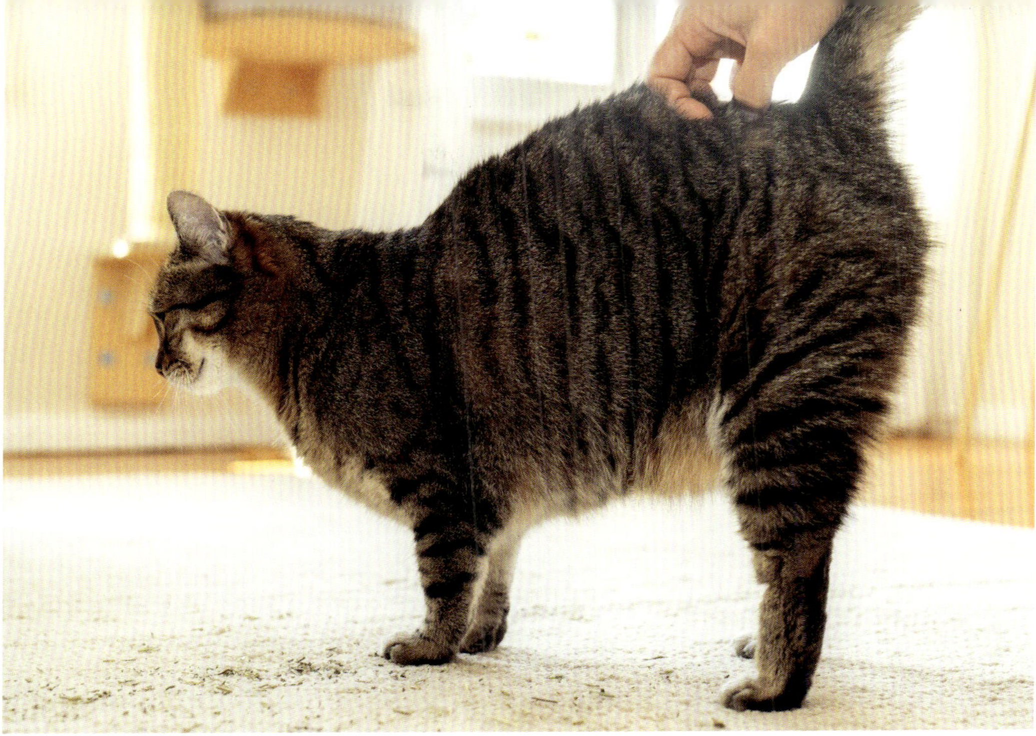

Cookie liebt es, am unteren Rücken gestreichelt zu werden. Sie fordert mich regelmäßig dazu auf.

Endlich bist du wieder da!

Wenn du schon eine Weile mit deinen Katzen zusammenlebst, haben sich in der Regel Begrüßungsrituale etabliert. Bei jedem Öffnen der Wohnungstür wirst du bereits freudig erwartet. Ein aufgeregtes Miau, ein hoch-erhobener Schwanz, Trockenmarkieren und Trippeln mit den Pfötchen sind typisch. Wahrscheinlich streicht deine Katze dir um die Beine und drückt ihr Köpfchen in deine Hand. Deine Katze schubbert sich vor lauter Freude auf dem Boden oder kratzt voller Enthusiasmus am Kratzbrett neben der Tür. Solche schönen Begrüßungsrituale können einige Minuten dauern und natürlich sollte die große Wiedersehensfreude ausgiebig zelebriert werden. Wenn du etwas Spannendes mitgebracht hast, werden deine Taschen gründlichst untersucht. Übrigens ist es für viele Katzen unerheblich, ob du den ganzen Tag unterwegs warst oder nur kurz die Sonntagsbrötchen vom Bäcker geholt hast.
Die Intensität und Art solcher Begrüßungen sind aber auch eine Typ- und Charakterfrage. Es gibt Katzen, die dich weniger enthusiastisch begrüßen oder vielleicht sogar auf ihrem Kuschelplätzchen liegen bleiben und es schätzen, wenn du zu ihnen kommst, um Hallo zu sagen – vorausgesetzt, sie sind gesund und glücklich.

Begrüßung zwischendurch

Katzen lieben es, gesehen und angesprochen zu werden. Kommt deine Katze zu dir gelaufen, zeigt sie Interesse und Neugier und möchte bei dir sein. Natürlich freut sie sich über ein „Hallo, mein Schatz!" und einen kurzen Augenblick der Aufmerksamkeit. Durch derartige kleine Gesten im Alltag fühlen sich Katzen gesehen und wahrgenommen.
Auf diese Weise entwickeln sich zahlreiche Mini-Begrüßungsrituale im Alltag: die Katze, die morgens beim Aufwachen unter deine Bettdecke krabbelt und mit dir kuscheln möchte, oder die Katze, die nach ihrer Rückkehr vom Freigang ausgiebig berichtet, was sie heute Aufregendes draußen erlebt hat.
All diese kleinen Dinge im Alltag tragen dazu bei, die Beziehung zwischen dir und deiner Katze zu stärken.

Begrüßung fremder Katzen

→ Während manch fremde Katze freudestrahlend mit erhobenem Schwanz auf fast jeden Menschen zuläuft, hat der weitaus größere Teil zuerst einen gesunden Respekt vor fremden Menschen. Diese Katzen beobachten zunächst aus sicherer Entfernung oder von einem erhöhten Platz und verschaffen sich so einen ersten Eindruck, um dann zu entscheiden, ob sich eine nähere Begutachtung des Menschen lohnt. Wenn du dich der Katze gegenüber entsprechend höflich verhältst, steigen deine Chancen auf Annäherung um ein Vielfaches.

Mach dich klein

Im Vergleich zur Körpergröße einer Katze bist du als Mensch ein Riese, selbst wenn die Katze erhöht sitzt und dich beobachtet. Bleib am besten auf deinem Platz und gib der Katze etwas Zeit, um dich zu betrachten. Befindet sich die Katze in Bodennähe, kannst du in die Hocke gehen und dich seitlich zu ihr drehen. Denn wenn du dich kleiner und schmaler machst, wirkst du ungefährlicher. Schaue die Katze nicht direkt an, sondern lass deinen Blick umherschweifen. Und wenn sich eure Blicke treffen, blinzle ihr langsam zu und schaue dann wieder weg. Dadurch signalisierst du ihr, dass du in friedlicher Mission kommst, und vielleicht wird ja sogar zurückgeblinzelt! Ein sanftes und ruhiges Ansprechen kann zusätzliches Vertrauen schaffen.

Vorsichtige Einladung

Nähert sich die Katze, kannst du ihr langsam deinen Zeigefinger entgegenstrecken. Lass sie vorsichtig daran schnuppern – sozusagen das Pendant zur Nase-Nase-Begrüßung. Blinzle ihr zu, wenn sich eure Blicke kreuzen. Vermutlich wird sie ihr Köpfchen an deinem Finger reiben und dich auf diese Weise markieren. Jetzt darfst du ihr gern deine entspannte Hand anbieten, damit sie sich ausgiebiger daran reiben kann. Meistens ist nun der Knoten geplatzt und die Katze läuft ein paar Schritte auf dich zu, um auch deine Beine oder deinen Körper zu markieren. Wenn du die Katze jetzt ein wenig streicheln und berühren darfst, achte dabei genau auf ihre Körpersprache. Weicht sie deiner Hand aus, indem sie das Köpfchen wegdreht, den Körperschwerpunkt verlagert oder den Rücken unter deiner Hand durchbiegt? Dann hör bitte auf, sie zu streicheln, und überlasse ihr das gewünschte Maß an Kontakt. Sollte eine Katze trotz aller Höflichkeit und Zurückhaltung keinen Kontakt aufnehmen wollen, ist auch das vollkommen in Ordnung. Manche Katzen brauchen einfach mehr Zeit, um sich mit dir bekannt zu machen und andere wiederum möchten generell nur den Kontakt zu ihnen vertrauten Personen. Die Kontaktfreudigkeit gegenüber Menschen hat auch mit der Sozialisation und individuellen Erfahrungen der jeweiligen Katze zu tun. Bedränge sie nicht, sei geduldig und respektiere ihren Wunsch nach Zeit und Distanz.

Anfangs noch etwas zurückhaltend und auf Distanz beobachtet Momoko fremde Menschen erstmal.

Ihr hocherhobener Schwanz zeigt Offenheit und Freude an. Die fremde Person hat sich als „katzentauglich“ entpuppt.

Bei unsicheren Katzen solltest du dich defensiv verhalten. Mach dich klein und lass sie schnuppern.

Mein Tipp

Um Konflikte zu vermeiden, nutzt die Katze Beschwichtigungssignale. Sie zeigen an, dass sie sich unwohl fühlt oder versucht, Spannungen zu lösen. Dazu gehören langsames Blinzeln, Wegschauen und Abwenden, plötzliches Gähnen oder Belecken des Nasenspiegels. Wenn du solche Signale bemerkst, halte dich zurück. Vergrößere die Distanz zu ihr und gib ihr den nötigen Freiraum.

Kinder und Katzen

⟶ Wenn Kinder mit Katzen aufwachsen, kann das eine wunderbare Erfahrung für beide Seiten sein und oft entwickeln sich dicke Freundschaften zwischen ihnen. Durch das Zusammenleben mit Katzen lernen Kinder Verantwortung zu übernehmen, Mitgefühl zu entwickeln und verstehen, dass die felligen Familienmitglieder Bedürfnisse und Gefühle haben. Sie lernen, Rücksicht zu nehmen und sanft mit ihnen umzugehen. Voraussetzung dafür ist, dass die Kinder den richtigen Umgang mit Katzen vermittelt bekommen. Denn fühlen sich Katzen durch allzu aufdringliches oder grobmotorisches Verhalten bedrängt oder bedroht, können sie angstbedingt ordentlich austeilen und das Kind verletzen. Umgekehrt können laute Geräusche oder schnelle Bewegungen Ängste bei der Katze auslösen, die zu vermehrtem Rückzug führen, sodass sie sich nur zeigen, wenn das Kind schläft oder nicht zu Hause ist.

Verantwortung

Auch wenn Kinder von Anfang an mit in die Haltung und Betreuung der Katzen einbezogen werden, obliegt den Erziehungsberechtigten die volle Verantwortung für die Tiere, und kleine Kinder sollten nie unbeaufsichtigt mit ihnen sein. Erkläre deinem Kind die Bedürfnisse und Grenzen der Katze und zeige ihm, wie es sanft und höflich mit der Katze umgehen und ihre Körpersprache verstehen kann. Katzen sind keine Spielzeuge, sondern eigenständige und selbstbestimmte Lebewesen. Bedenke auch, dass es im ausgelassenen Spiel mit Katzen auch mal kleine Kratzer geben kann – niemals aus Böswilligkeit der Katze, sondern weil sie z. B. im Jagdfieber ist und ihre Beute greifen will.

Rückzugsorte

Ungestört Katzen sollten in einem Kinderhaushalt jederzeit Zugang zu ruhigen und kinderfreien Rückzugsorten haben, denn sie brauchen unbedingt verschiedene Möglichkeiten, auch mal ungestört sein zu können.

Freier Zugang Ebenso wichtig ist der Zugang zu Futter, Wasser und den Katzentoiletten.

Sicherheit Trage Sorge, dass keine kleinteiligen oder fadenähnlichen Spielzeuge herumliegen, die die Katzen verschlucken oder an denen sie sich verletzen könnten. Gerade jüngere und verspielte Katzen fühlen sich oft magisch von Kinderspielzeug angezogen und probieren alles neugierig aus. Eine andere Gefahrenquelle ist das versehentliche Ein- oder Aussperren einer Katze oder offen stehende Fenster.

Hygiene Gute Hygiene und regelmäßige Tierarztbesuche sollten selbstverständlich sein, um Krankheiten zu vermeiden und Veränderungen rechtzeitig zu erkennen.

Geduld Jede Beziehung braucht Zeit. Mit Einfühlungsvermögen und Geduld können Kind und Katze Freunde werden.

‹ Auf gleicher Höhe wie die Katze ist das Kind nicht so bedrohlich und eine vorsichtige Kontaktaufnahme wird leichter.

˅ Katzen und Kinder sollten nicht unbeaufsichtigt sein.

Zeig deinem Kind den richtigen Umgang mit Katzenspielzeug, damit das Spiel beiden Spaß macht.

Do!

- Beziehe dein Kind in die täglichen Aufgaben mit ein.
- Erkläre deinem Kind das Verhalten und die Körpersprache der Katze.
- Beachte Rückzugsmöglichkeiten und Privatsphäre der Katze.
- Sicherheit und Hygiene sind wichtig für alle Beteiligten.

für Kids

Katzen-Führerschein

Teste dein Wissen

Schnurr!

Blinzel

Freunde

Katzen sind ganz schön vielseitige Tiere! Hast du Lust, zu testen, wie gut du die Welt der Katzen schon kennst? Wenn du alle Fragen richtig beantwortest, zeigst du, dass du wirklich Ahnung hast.

Kennst du dich gut mit Katzen aus?

1. Was bedeutet es, wenn deine Katze ihren Schwanz aufrecht hält?

a) Sie freut sich und ist neugierig.
b) Sie ist ängstlich.
c) Sie muss Pipi machen.

2. Wenn deine Katze schnurrt, dann …

a) … ist sie glücklich.
b) … kann sie glücklich, aber auch gestresst oder krank sein.
c) … ist sie wütend.

3. Was bedeutet es, wenn deine Katze ihre Ohren flach anlegt?

a) Sie ist entspannt.
b) Sie fühlt sich bedroht oder ist wütend.
c) Sie hat Ohrenschmerzen.

4. Warum reibt deine Katze ihr Köpfchen an dir?

a) Sie zeigt Zuneigung und markiert dich mit ihrem Geruch.
b) Sie möchte spielen.
c) Sie ist hungrig.

5. Wenn deine Katze ihren Schwanz hin und her peitschen lässt, ist sie …

a) … entspannt und glücklich.
b) … in Spiellaune.
c) … verärgert und aufgeregt.

6. Was bedeutet es, wenn deine Katze langsam blinzelt?

a) Sie zeigt dir Vertrauen und Zuneigung.
b) Sie ist müde.
c) Sie hat etwas im Auge.

7. Warum faucht eine Katze?

a) Sie möchte spielen.
b) Sie fühlt sich bedrängt und möchte mehr Abstand.
c) Sie ist hungrig.

8. Wenn eine Katze vor dir wegläuft und sich versteckt …

a) … möchte sie mit dir Verstecken spielen.
b) … hat sie Angst und möchte in Ruhe gelassen werden.
c) … hat sie Hunger.

9. Wann darfst du deine Katze nicht stören?

a) Beim Fressen und auf der Katzentoilette.
b) Wenn sie schläft oder sich zurückgezogen hat.
c) Antwort a) und b) sind beide richtig.

Lösung: 1. a), 2. b), 3. b), 4. a), 5. c), 6. a), 7. b), 8. b), 9. c)

Wie Katzen ihre Wünsche äußern

→ Im Zusammenleben übernehmen wir die meisten Entscheidungen und geben vor, wie, wo und mit wem die Katzen leben, wann sie welches Futter bekommen, welche Katzenmöbel und Beschäftigungsmöglichkeiten zur Verfügung stehen und vieles mehr. Unsere Katzen haben so gesehen nur wenig eigenen Entscheidungsspielraum. Umso wichtiger ist es, ihnen zuzuhören und auf sie einzugehen, um ihre Wünsche erfüllen zu können.

Miau!

Um sich uns mitzuteilen, nutzen Katzen vorwiegend das Miauen, wie du bereits in Kapitel 2 erfahren hast. Doch Miau ist nicht gleich Miau und es gibt zahlreiche Facetten – vom energischen und nachdrücklichen Miau bei Hunger bis hin zum leisen Miep, wenn deine Katze sich an dich kuschelt. Oft lässt sich der Grund des Miaus recht eindeutig zuordnen, manchmal muss man genauer hinschauen.

Die aktiven Katzen

Sie laufen dir zwischen die Beine, legen dir die Spielmaus vor deine Füße oder lotsen dich zum bevorzugten Plätzchen für eine ausgiebige Kuschelsession. Derartige Wünsche sind für uns gut zu verstehen und können der Katze leicht erfüllt werden.
Übersiehst du allerdings, dass deiner Katze langweilig ist, kann sie auch kreativ werden und Gegenstände vom Regal werfen oder deinen Lieblingssessel zum kätzischen Kunstwerk umgestalten. Ganz klar, hier braucht es mehr Beschäftigung und gemeinsames Spiel, damit deine Katze ausgeglichener und glücklicher ist.

Die leisen Katzen

Ruhige und zurückhaltende Katzen warten still und geduldig darauf, ein aktuelles Bedürfnis erfüllt zu bekommen, ohne groß auf sich aufmerksam zu machen. Manche hypnotisieren den Futterschrank oder die Spielzeugkiste, andere nutzen sanfte Pfötchenstupser, um auf sich aufmerksam zu machen, oder zupfen vorsichtig an deiner Bettdecke, um darunterkrabbeln zu können.
Diese leisen Katzen und ihre Wünsche werden leider schnell übersehen und manchmal kann es zugegebenermaßen auch etwas tricky sein, die tatsächlichen Wünsche herauszufinden. Doch je genauer du deine Katzen kennst und beobachtest, desto einfacher wird es für dich.

Wunscherfüller

Es ist unsere Aufgabe, ihre individuellen Bedürfnisse zu erkennen und bestmöglich zu erfüllen, um ihnen einen abwechslungsreichen und kreativen Alltag zu bieten. Katzen sind sehr ritualisierte Tiere und können sich zeitliche Abläufe gut merken. Je verlässlicher ihre Bedürfnisse erfüllt werden, desto ausgeglichener und zufriedener sind sie.

Do!

Wir Menschen sind häufig abgelenkt und versinken in der medialen Welt, wodurch uns oft die Kontaktwünsche unserer Katzen entgehen. Lege ab und zu das Handy beiseite und schenke deiner Katze deine ungeteilte Aufmerksamkeit. Es ist ein wahrer Booster für eure Beziehung!

Kuschelzeit

Richtig kuscheln

Kuscheln macht Menschen und die meisten Katzen glücklich. Es ist Balsam für beide Seelen, sorgt für Entspannung und beruhigt Körper und Geist. Jede Katze hat ihre eigenen Vorlieben, wie und wo sie gestreichelt und gekuschelt werden möchte. Manche möchten sich einfach nur mit Körperkontakt anlehnen, aber lieber nicht berührt werden, andere lieben es, am ganzen Körper durchgeflauscht zu

Cookie kuschelt leidenschaftlich gern und wir genießen diese vertrauten Momente sehr!

Giuliana lehnt ihren Po an meinen Arm und schaut mich an. Es ist ihre Art, mich zum Streicheln aufzufordern.

Ich halte Giuliana meine Hand hin, so kann sie das Maß der Berührungen selbst bestimmen.

Manche Katzen bevorzugen situativ nur kleine und sanfte Berührungen an bestimmten Stellen.

werden, und wieder andere bevorzugen nur bestimmte Körperstellen. Und dann gibt es auch Katzen, die nur an bestimmten Orten in der Wohnung kuscheln möchten, weil sie sich dort besonders wohl oder sicher fühlen.

Petting and Biting

In einem Moment genießt deine Katze die ausgiebige Streicheleinheit, räkelt und streckt sich und im nächsten Moment haut oder beißt sie zu. Diese Situation kennen viele Katzeneltern und die Katzen werden fälschlicherweise als hinterhältig, aggressiv und gemein bezeichnet. Doch was genau ist passiert? Zugegeben, Katzen kommunizieren subtil, und wir Menschen sind oft abgelenkt und übersehen ihre feinen Signale leicht: Sie zuckt mit einem Öhrchen oder bewegt ihre Schwanzspitze hin und her, andere verspannen sich oder heben leicht ihr Köpfchen. Werden diese Signale übersehen und die Katze weiterhin gestreichelt, ist dies aus Katzensicht ein übergriffiges Verhalten und sie muss entsprechend deutlicher werden. Manche stehen auf und gehen einfach weg, andere schlagen oder beißen zu. In beiden Fällen hören die unerwünschten Berührungen unverzüglich auf. Kommen solche Situationen häufiger vor, lernt die Katze, dass sie besser gleich deutlich wird, denn ihre kleinen Signale werden stets übersehen. Sie wird künftig auf die „Vorwarnungen" verzichten und gleich zuschlagen oder -beißen.

Check: So klappt die perfekte Kuschelsession

- Achte auf die Körpersprache deiner Katze und beende die Berührung, wenn sie Unbehagen signalisiert.
- Mach kleine Pausen und frag deine Katze, ob sie noch gestreichelt werden möchte. Halte ihr deine Hand hin und warte, ob sie ihr Köpfchen daran reibt.
- Streichle nur mit den Fingerspitzen anstatt mit der Handfläche oder mache kreisende Bewegungen.
- Verändere den Druck und/oder die Geschwindigkeit. Mag deine Katze eher sanftere Berührungen?
- Deine Katze lotst dich immer in eine bestimmte Richtung? Dann folge ihr und erkunde mit ihr, an welchem Ort sie gestreichelt werden möchte.

Übrigens Dreht oder streckt dir deine Katze beim Kuscheln ihr Hinterteil entgegen, ist dies ein Zeichen von Vertrauen. So wie bei befreundeten Artgenossen bietet sie dir die Geruchskontrolle an und möchte dadurch die soziale Bindung verstärken.

Der Milchtritt

Bevor deine Katze die optimale Position auf deinem Schoß gefunden hat, tretelt sie oft lange und intensiv. Viele Katzen schnurren dabei, manche sabbern sogar etwas. Ein wahrer Genuss für deine Katze, eine kleine Tortur für dich, denn das Treteln kann sich wie 1000 kleine Nadelstiche anfühlen. Seinen Ursprung hat das Treteln im Kittenalter.
Die kleinen Kätzchen massieren mit beiden Pfötchen den Bauch rund um die Zitze, um den Milchfluss anzuregen. Da Kitten ihre Krallen noch nicht einziehen können, nutzen sie sie beim Milchtritt und behalten dies im Erwachsenenalter bei. Katzen treteln oft auch auf ihren Liegeplätzen, bevor sie sich hinlegen, manche auch beim Liegen in der Luft und strahlen dabei Wohlbehagen aus. Manchmal treteln Katzen auch, um sich selbst zu beruhigen, zum Beispiel, wenn sie krank sind.

Handspiel

Deine Katze liegt rücklings vor dir auf dem Boden und präsentiert ihren Bauch. Sobald du dich runterbeugst und ihren Bauch berührst, krallen sich alle vier Pfoten an deinem Arm fest, sie tritt und kratzt. Bauch zeigen bedeutet nicht immer Bauch kraulen.
Es gibt noch einen weiteren Grund für dieses Verhalten: Manche Menschen machen unbewusst den Fehler und bieten jungen Kätzchen die Hände zum Spielen an. Das Kätzchen wirft sich auf den Rücken und wird am Bauch gekitzelt. Was bei jungen Kätzchen vielleicht noch lustig erscheinen mag, ist es bei erwachsenen Katzen definitiv nicht mehr, denn hier tun die Krallen und Zähne weh. Doch wie soll die Katze unterscheiden, wenn sie als Kitten gelernt hat, dass Hände Spielzeuge sind? Bauch zeigen bedeutet Wohlbefinden, ist aber keine Aufforderung zur Berührung.

Während des Säugens kneten und treteln die Kätzchen Mamas Bauch, um den Michfluss anzuregen.

Do!

- Das Treteln ist ein sehr vertrauter Moment zwischen euch. Wenn du eine Decke über deine Beine legst, könnt ihr ihn genießen.
- Manche Katzen krallen sich beim Kuscheln an deinen Beinen fest. Dies ist nicht böse gemeint, sondern ein Sicherheitsanker für ängstliche oder unsichere Katzen.

< Unerwünschte Berührungen am Bauch sind kein Spiel, sondern übergriffig. Athos krallt zu Recht in den Arm.

^ Giuliana möchte nicht berührt werden. Ohrstellung, abgesenkter Kopf und Abwenden zeigen das deutlich.

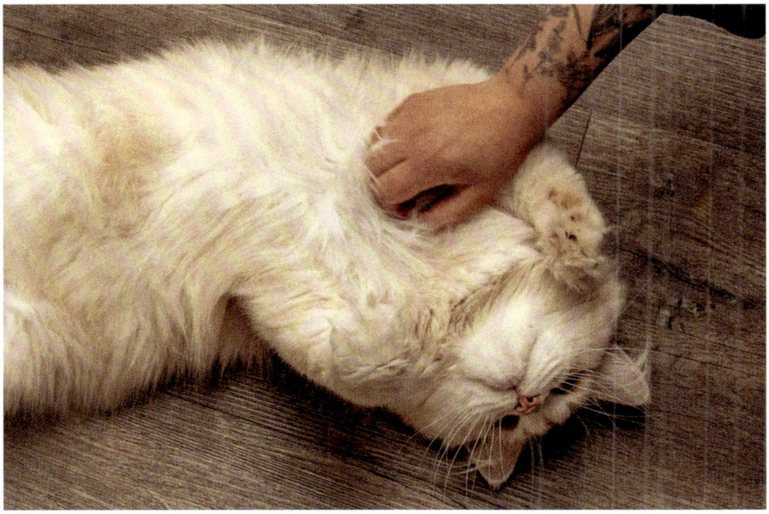

< Solche Berührungen sind manchmal auch erwünscht, aber dafür muss man die Katze gut kennen und ihre Signale richtig deuten können.

Spielen macht glücklich

⟶ Das gemeinsame Spiel ist wohl der mit Abstand wichtigste Part im Zusammenleben mit Katzen. Beim Spiel wird das natürliche Jagdverhalten imitiert und eine ganze Reihe an felinen Grundbedürfnissen erfüllt: Beobachten, Lauern, Jagen und schlussendlich der Beutefangerfolg. Spielen ist also DER Stimmungsbooster und fördert auf vielfache Weise das Wohlbefinden deiner Katze.

Warum Spiel wichtig ist

Zu den „Nebenwirkungen" beim regelmäßigen Spielen mit Katzen zählen:

- Stressreduktion durch Ausschüttung von verschiedenen Glückshormonen
- körperliche und geistige Fitness
- Abbau von überschüssiger Energie und negativen Emotionen
- Vorbeugung von Langeweile
- Motivation durch Erfolgserlebnisse und Stärkung des Selbstvertrauens
- Gemeinsames Spiel stärkt nachhaltig die Bindung zwischen dir und deiner Katze.

Alle Katzen spielen

Alle Katzen – auch die älteren – spielen. Der Jagdtrieb ist ein instinktives Verhalten und ohne ihn würden Katzen in freier Natur nicht lange überleben können. Spielt bzw. jagt deine Katze nicht, liegt das entweder an einem unpassenden oder nicht vorhandenen Spielangebot oder deine Katze hat ein gesundheitliches Problem, das sie am Spielen hindert.

Safety first!

Achte auf die Sicherheit der Spielzeuge. Sie dürfen keine leicht verschluckbaren Teile, Schlaufen oder Ösen haben, an denen sich die Katze verletzen kann. Bei Schnüren und Fäden besteht die Gefahr der Strangulation oder des Verschluckens.

Frustration anstatt Spaß

Auch wenn sie beliebt sind – Laserpointer sind kein geeignetes Katzenspielzeug. Sie sind gefährlich, für manche Katzen sogar gesundheitsgefährdend, und der so wichtige Beuteerfolg bleibt aus. Das ist auf Dauer frustrierend.

Raschelt da was? Cookies Instinkte sind geweckt und all ihre Sinne auf Empfang.

So spielst du richtig!

Aktivitätszeiten Orientiere dich am Jagdverhalten (Seite 50) und der natürlichen Beute einer Katze. Biete mehrere Spieleinheiten pro Tag an und passe sie an ihre Aktivitätszeiten an. Diese sind in der Regel in den Morgen- und Abendstunden.

Spielzeug Wähle Spielzeuge, die in Art, Form und Größe den natürlichen Beutetieren ähnlich sind und verzichte auf Glöckchen oder Ähnliches. Eine echte Beute verhält sich leise.

Wie die Beute Imitiere die Bewegungen von Beutetieren. Vögel fliegen, Mäuse verstecken sich, eine Motte schwirrt zappelnd in der Luft und ein Käfer krabbelt im Gestrüpp. Je nach Spielzeug kannst du all diese Bewegungen prima nachahmen. Bedenke, dass eine Beute sich immer von der Katze wegbewegt.

Beobachten Biete Anpirschmöglichkeiten wie Kartons, Raschelpapier und erhöhte Plätze an, um die Beute zu beobachten, aber selbst unentdeckt zu bleiben.

Lauern Langes und ausgiebiges Beobachten einer Beute ist ein wesentlicher Bestandteil der Jagd. Solange deine Katze ihre Beute belauert, spielt sie noch. Hab Geduld und werde ein wenig kreativ, um sie aus der Reserve zu locken. Brichst du ein Spiel in der Beobachtungsphase ab, kann das deine Katze frustrieren und nach mehrfachen Wiederholungen sogar zum Spielabbruch seitens deiner Katze führen, weil sie möglicherweise gelernt hat, dass das Spiel immer aufhört, wenn es gerade großen Spaß macht.

Geschnappt! Zum Spiel gehört letztendlich auch der Beuteerfolg! Gib deiner Katze unbedingt die Möglichkeit, ihre Beute zu fangen und diese auch nach Herzenslust zu verprügeln. Oft wird die Beute voller Stolz verschleppt und knurrend verteidigt. Welch ein tolles Erfolgserlebnis!

Katzen sind Lauerjäger. Geduldig warten sie den perfekten Moment zum Ergreifen der Beute ab.

Der zusammengeschobene Teppich dient als Tarnung und gibt gleichzeitig genug Grip unter den Pfoten.

Meins! Der Beuteerfolg ist super wichtig und gehört zu einer erfolgreichen Jagd dazu.

Beschäftigungsideen für zwischendurch

→ So ein Tag ist lang und neben den gemeinsamen Spielzeiten brauchen Katzen auch zwischendurch Möglichkeiten, ihrem natürlichen Erkundungsverhalten nachzugehen und sich kognitiv zu beschäftigen.

Umgestaltungen

Höhle Platziere einen Stuhl mitten im Raum und wirf eine größere Decke darüber. Schon hast du eine spannende Erkundungs- und Interaktionsmöglichkeit geschaffen.

Schubladen Lass eine Schublade oder Schranktür offen stehen oder rücke die Kommode einige Zentimeter von der Wand ab. Deine Katze wird alles genauestens unter die Lupe nehmen.

Kartons Sie sind das größte Highlight vieler Katzen! Fülle Raschelpapier in einen Karton und verstecke dazwischen die Lieblingsspielmaus. Schneide kleine Pfötellöcher in einen Schuhkarton oder baue große Kartonhäuser mit Türen und Fenstern.

Kissenburg Baue eine Kissenburg und verstecke ein paar Lieblingsspielmäuse oder -bälle dazwischen, und schon kann die Suche losgehen. Vielleicht schlafen deine Katzen vor lauter Abenteuern später zwischen den Kissen ein.

Futterspiele

Futterspiele sollten ein wesentlicher Teil der Beschäftigung sein – schließlich macht die Suche und das Jagen einen erheblichen Teil

Kleine Überraschungen im Alltag wecken die Neugier. Für Katzen gibt es immer etwas zu entdecken.

Naturgemäß müssen Katzen sich ihr Futter erarbeiten. Futterbeschäftigungen dürfen im Alltag nicht fehlen.

Die Auswahl an Futterspielzeugen ist riesig. Manche Katzen benutzen ihre Pfoten, andere lieber die Nase.

Futterwerfen erfüllt mehrere Teile einer typischen Jagd: Beobachten, Verfolgen und Fangen.

eines Katzentages aus. 4 – 5 Hauptmahlzeiten sind empfehlenswert und zudem mehrere Zwischenmahlzeiten, die sich die Katze auf unterschiedliche Weise erarbeiten kann.

Futterspielzeuge Der Markt bietet eine große Vielfalt an Futterspielzeugen in unterschiedlichen Schwierigkeitsgraden. Sie sind kognitive und aktive Beschäftigung zugleich und motivieren durch viele kleine Erfolgserlebnisse beim Erarbeiten der „Futterbeute".

Futtersuchspiele Einzelne Futterbröckchen, die in der Wohnung an unterschiedlichen Orten versteckt werden, fördern das Explorationsverhalten. Jede Katze läuft täglich mehrfach ihr Revier ab und schaut nach dem Rechten. Wenn sie dabei kleine essbare Überraschungen findet, wird sie am nächsten Tag wieder motiviert auf die Suche gehen.

Futterwurfspiele Zähle einige Futterbröckchen ab und stelle dich zum Beispiel in den Flur. Wirf nun die Futterbröckchen in unterschiedliche Richtungen. Deine Katze wird genau beobachten, in welche Richtung das Bröckchen fliegt, und versuchen, es zu fangen.

Clickertraining

Das Clickertraining beruht auf dem Prinzip der positiven Verstärkung und ist eine vielfältige Beschäftigungs- und Trainingsmöglichkeit. Es funktioniert sehr gut mit Futter, es können aber auch andere Belohnungen eingesetzt werden. Mit Clickertraining kann eine Katze diverse Tricks lernen, die der körperlichen und geistigen Beschäftigung dienen. Es ist aber auch prima für größere Aufgaben geeignet, wie Medical Training oder Erziehung im Zusammenleben mit Menschen.

Mein Tipp

Katzen jagen und fressen ihre Beute allein. Wenn mehrere Katzen bei dir leben, stelle ihre Futternäpfe mit 1,5 bis 2 Meter Abstand zueinander auf – auch wenn deine Katzen dick befreundet sind. Selbst wenn an den Näpfen eine vermeintlich friedliche Stimmung herrschen mag – oft trügt der Schein. Fressen ist überlebenswichtig, und so halten manche Katzen den Moment in direkter Nähe der Partnerkatze aus, entspannt sind sie aber nicht. Oft wird das Essen hastig verschlungen, eine Katze wird vom Napf weggedrängt oder sie wartet, bis die andere fertig ist. Stellt man die Näpfe mit etwas Abstand auf, ist es für alle entspannter.

Katzen erziehen mit Geduld und Belohnung

⟶ Katzen sind sehr intelligente Tiere, sie lieben es zu lernen und wollen gefördert werden. Sie sind neugierig, probieren neue Dinge aus und erkunden ihre Umwelt. Wir Menschen erfreuen uns daran, wie sie voller Enthusiasmus den Inhalt der Einkaufstasche untersuchen, und schmunzeln darüber, wenn sie den Altpapierkorb ausräumen, weil Papierschnipsel lustige Spielzeuge sind. Doch im Zusammenleben gibt es auch Dinge, die für uns Menschen vielleicht nicht okay sind und wo ein wenig Erziehung nötig ist.

Wie Katzen lernen

Katzen lernen vor allem durch das Prinzip der positiven Verstärkung, das heißt, erwünschtes Verhalten wird durch Belohnungen bestätigt und dadurch die Wahrscheinlichkeit erhöht, dass deine Katze dieses Verhalten künftig öfter zeigt. Gleichzeitig wird unerwünschtes Verhalten weniger lohnenswert und automatisch seltener gezeigt. Durch die positive Verstärkung macht Lernen Spaß und wirkt nachhaltiger. Mögliche Arten der Belohnung kannst du der Tabelle entnehmen.

Fünf Beispiele für Belohnungen	
Leckerlis	Sie sind eine prima Möglichkeit, um deine Katze zu belohnen. Achte darauf, kleine und gesunde Leckerlis zu wählen, die sie gern mag, und übertreibe es nicht, um Übergewicht zu vermeiden.
Gemeinsames Spiel	Katzen lieben es zu spielen und Spielzeit kann eine wirksame Belohnung sein. Verwende das Lieblingsspielzeug deiner Katze. Das stärkt nebenbei eure Bindung, sorgt für Bewegung und geistige Stimulation.
Stimmliches Lob	Katzen reagieren besonders gut auf lobende Worte, da sie auch unsere positiven Emotionen wahrnehmen können. Ein fröhliches und lang gezogenes „Priiiiiima!" oder „Feeeiiin gemacht!" signalisiert deiner Katze, was sie richtig gemacht hat.
Angenehme Berührungen	Für manche Katzen kann auch eine Berührung sehr lohnenswert sein. Ein sanfter Streichler am Köpfchen oder ein Bürstenstrich über den Rücken macht sie glücklich.
Andere Highlights	Das Öffnen der Balkontür, das Erkunden einer geöffneten Schublade oder ein spannender Karton mit verschiedenen Inhalten können ebenfalls gute Belohnungen sein.

Trainingstipps für den Alltag

Ein Beispiel Viele Katzeneltern mögen es aus hygienischen Gründen nicht, dass Katzen auf die Küchenzeile springen. Ein aus menschlicher Sicht durchaus nachvollziehbarer Grund, dennoch bereitet es oft große Schwierigkeiten, dieses Verhalten zu verändern oder Alternativen zu schaffen.

Aus Katzensicht Die Katze ist ein vergleichsweise kleines Tier und ihre Perspektive am Boden begrenzt. Die Küchenzeile ist ein erhöhter Aussichtspunkt, von dem aus man einen guten Überblick hat. Außerdem werden hier Mahlzeiten zubereitet! Es riecht unglaublich gut und vielleicht hat die Katze sich in einem unbeobachteten Moment etwas Leckeres stibitzt? Erfolgserlebnisse oder die Option darauf sind eine hohe Motivation, es immer wieder zu versuchen.

Maßnahmen Doch wie kannst du deiner Katze nun vermitteln, dass die Küchenzeile tabu ist? Biete ihr eine gleich- oder höherwertige Alternative an, die sich als ebenso lohnenswert erweist. Ein erhöhter Sitzplatz in unmittelbarer Nähe der Küchenzeile kann deiner Katze helfen, alles im Blick zu behalten, und ihr das Gefühl geben, dabei zu sein. Das eine oder andere Leckerchen, das auf dem entsprechenden Platz gegeben wird, hilft ihr zu verstehen, dass es gar nicht notwendig ist, sich etwas von der Küchenzeile zu klauen, sondern dass der neue Platz auch Futter bereithält. Mit ein bisschen Übung und Geduld nimmt deine Katze die Alternative gern an.

Häufige Fehler vermeiden

Ein häufiger Fehler ist die unregelmäßige Belohnung oder das Belohnen zur falschen Zeit. Achte darauf, immer unmittelbar das erwünschte Verhalten zu belohnen. Wenn deine Katze das falsche Verhalten zeigt, lenke ihre Aufmerksamkeit auf die Alternative und belohne sie dafür.

Lexi lernt, dass ihr Platz neben der Küchenzeile besonders lohnenswert ist. Hier kann sie alles genau beobachten.

Bitte nicht bestrafen!

→ Wenn eine Katze etwas tut, was sie nicht soll, sind häufige Reaktionen ein lautes „Nein" oder ein In-die-Hände-Klatschen. Dadurch erschrickt die Katze und bringt sich wahrscheinlich in Sicherheit. Zeigt sie das unerwünschte Verhalten weiterhin, greifen viele zu anderen „Hilfsmitteln", zum Beispiel einer Wasserspritze. Durch eine unangenehme Erfahrung soll das unerwünschte Verhalten künftig nicht mehr gezeigt werden. Diese Methoden funktionieren nicht im Sinne der Katze und haben einige schlimme Nachteile! Bleiben wir beim Beispiel „Sitzen auf der Küchenzeile". Aus Katzensicht stellt dies eine natürliche und lohnenswerte Verhaltensweise dar. Warum also sollte die Katze dies nicht mehr tun? Ihr fehlt die Information, welche Alternative okay wäre.

Negative Folgen

Eine Katze wird die Strafe nicht mit dem Sitzen auf der Küchenzeile in Verbindung bringen, sondern mit dem betreffenden Menschen. Die Folge sind Schreck und Verunsicherung, oft sogar Angst und Meideverhalten dem Menschen gegenüber. Die Katze verliert das Vertrauen und wird künftig bereits beim Anblick des Menschen Angst bekommen und sich in Sicherheit bringen. Eine solche Angst kann sich sogar generalisieren und mit anderen Dingen verknüpft werden, sodass begleitende Elemente bereits zum Angstauslöser werden können. Besonders sensible Katzen können schon durch eine einzelne negative Erfahrung dieser Art derart verunsichert sein, dass das Vertrauen in ihren Menschen nachhaltig beeinträchtigt ist.

Stopp! Eine Wasserspritze ist KEIN Erziehungsmittel, sondern erschrickt und ängstigt deine Katze!

Schimpfen hat keinen Lerneffekt. Deine Katze muss stattdessen wissen, welche Alternative okay wäre.

Katzen haben eine sehr kurze Reaktionszeit (1–3 Sekunden). Meistens erfolgt unsere Reaktion jedoch wesentlich später, sodass die Katze keine Verknüpfung mehr zu dem Ereignis herstellen kann. Ein Beispiel: Du kommst von der Arbeit nach Hause, deine Katze begrüßt dich freudestrahlend, endlich bist du wieder da! Während ihr euch noch begrüßt, entdeckst du Pfotentapser und Katzenhaare auf der Küchenzeile und schimpfst mit ihr. Doch diesen Zusammenhang kann sie nicht mehr herstellen und lernt, dass sie für die freudige Begrüßung geschimpft wird. Eine mögliche Folge könnte sein, dass sie dich künftig nicht mehr oder nur noch mit großer Zurückhaltung und Vorsicht begrüßt. Auf längere Sicht wird eure emotionale Bindung also erheblich geschwächt werden. Mit zunehmender Verunsicherung oder sogar Angst erhöht sich ihr Stresslevel und deine Katze kann Verhaltensauffälligkeiten zeigen oder sogar krank werden.

Do!

- Bestrafungen sind ineffektiv und schädigen die Beziehung zwischen Mensch und Katze.
- Deine Katze braucht die Information, welche Alternative in Ordnung wäre.
- Positive Verstärkung, Geduld und Verständnis für die Bedürfnisse und Verhaltensweisen einer Katze sind der Schlüssel zu einem harmonischen Zusammenleben.
- Begegne deiner Katze mit Liebe und Respekt. Dadurch förderst du gutes Verhalten und eine tiefe, vertrauensvolle Bindung.

Angstverhalten und Stressmanagement

→ Leider können wir es nicht verhindern, dass Katzen manchmal Ängste empfinden. Als einfühlsame Katzeneltern ist es unsere Verantwortung, die Anzeichen von Angst und Stress bei unseren Samtpfoten zu erkennen und sie bei der Stressbewältigung zu unterstützen.

So erkennst du Angst und Stress

Bei akuter Angst ist die Körpersprache einer Katze sehr ausdrucksstark und deutlich erkennbar. Typische Reaktionen sind weit aufgerissene Augen und geweitete Pupillen, ein aufgestelltes Fell, Katzenbuckel und flach am Kopf anliegende Ohren. Die Katze macht sich klein, verlagert ihren Schwerpunkt nach hinten und klemmt ihren Schwanz unter den Körper. Auch Fauchen, Spucken oder Knurren können gezeigt werden. Hat sie die Möglichkeit zur Flucht, wird sie sich im schnellen Schleichgang in ein sicheres Versteck zurückziehen. Hat sie keine Rückzugsmöglichkeit und fühlt sich bedroht, wird sie sich verteidigen.

Typische Anzeichen

Anzeichen von Angst und Stress können sehr vielfältig sein und reichen von subtilen körperlichen Anzeichen und Veränderungen bis hin zu offensichtlichem Unbehagen. Ein gestresstes oder ängstliches Verhalten kann sich in einer Vielzahl von Verhaltensweisen äußern, darunter übermäßiges Putzen, verminderte Aktivität, erhöhte Aggressivität, Verstecken oder Unsauberkeit.

Ängstlichkeit kann sich auch sehr subtil zeigen: Der Vorhang gibt der schüchternen Cookie Schutz.

Einige Katzen zeigen auch vermehrtes Miauen, Appetitlosigkeit oder Verdauungsprobleme. Es ist wichtig zu verstehen, dass kurzzeitiger Stress, z. B. durch laute Geräusche oder temporäre Veränderungen im Haushalt, von chronischem Stress zu unterscheiden ist, der langfristige Auswirkungen auf die Gesundheit und das Wohlbefinden einer Katze haben kann. Stress- und Angstzustände versetzen den Körper in Alarmbereitschaft und können auf Dauer krank machen. Ängste bei Katzen sind nicht normal und bedürfen der Unterstützung und Hilfe.

Ursachen für Angst und Stress

Die Ursachen für Angst und Stress sind vielfältig und können sowohl aus dem inneren als auch dem äußeren Umfeld der Katze stammen. Zu den häufigsten Stressauslösern gehören laute Geräusche wie Feuerwerk oder Baustellenlärm, Veränderungen im Haushalt wie Umzüge, Renovierungen oder die Einführung neuer Haustiere oder Familienmitglieder. Auch traumatische Erfahrungen wie Misshandlung oder Unfälle können tiefe emotionale Narben hinterlassen und zu anhaltendem Stress führen, ebenso wie körperliche Veränderungen, Schmerzen und Erkrankungen.

Strategien zur Stressbewältigung

Es gibt eine Vielzahl von Strategien, um Katzen bei der Bewältigung von Angst und Stress zu unterstützen. Dazu gehören:

Sichere Rückzugsorte Biete deiner Katze verschiedene ruhige und geschützte Bereiche an, wo sie sich zurückziehen kann, wenn sie sich ängstlich oder gestresst fühlt. Das können erhöhte Plätze wie Regale oder Fensterbretter sein, aber auch gemütliche Höhlen oder abgedunkelte Verstecke. Diese „Safe Spaces“ sollten konstant bleiben und nicht verändert oder versperrt werden.

Vermeidung, Abmilderung und Training
Viele bekannte Angstauslöser lassen sich im Alltag gut vermeiden, andere wiederum können durch eine Desensibilisierung trainiert oder durch Hilfsmittel abgemildert werden. Ein gutes Beispiel ist Silvester. Über ein gezieltes kleinschrittiges Training kann eine Desensibilisierung erfolgen, zudem können Maßnahmen – wie zum Beispiel geschlossene Fenster und Rollläden und abgedunkelte, gut schallisolierte Rückzugs- und Versteckmöglichkeiten – Geräusche, Blitze und Gerüche abmildern.

Alternative Impulse Neugier ist der Gegenspieler zur Angst. Du kannst deiner Katze in einer angstbehafteten Situation vorsichtig und ohne sie zu bedrängen (!), positive Impulse geben, die ihre natürlichen Instinkte und ihre Neugier ansprechen – auch wenn sie diese anfangs (noch) nicht annehmen kann.

Entspannungstechniken Sanfte Berührungen, sofern deine Katze sie in dem Moment genießen kann, entspannende Musik oder Vorlesen mit sanfter Stimme, können beruhigend wirken. Zwinkere deine Katze gelegentlich an, wenn sie zu dir schaut. Vermeide hektische Bewegungen. Spezielle Pheromonpräparate und Nahrungsergänzungsmittel können auch dazu beitragen, deine Katze zu beruhigen und ihr ein Gefühl von Sicherheit zu geben.

Professionelle Hilfe In vielen Fällen ist professionelle Unterstützung sinnvoll, um die Ursachen und Auslöser genau zu differenzieren und individuelle und geeignete Maßnahmen zur Stressbewältigung für deine Katze zu finden.

Geborgenheit

Das Wissen um die Bedürfnisse deiner Katze und der einfühlsame und unterstützende Umgang in herausfordernden Situationen tragen dazu bei, dass deine Katze sich in ihrem Umfeld sicher und geborgen fühlen kann.

Wohlbefinden

⟶ Wir alle wünschen uns glückliche, ausgeglichene und zufriedene Katzen. Dieser Ratgeber hilft dir dabei, die Katzensprache besser zu verstehen, und gibt dir einige grundlegende Tipps für ein harmonisches Zusammenleben mit deinen Katzen.

Happy Cats

Abschließend möchte ich dir noch eine Übersicht geben, woran du erkennen kannst, ob sich deine Katze wohlfühlt und es ihr gut geht.

Kontaktfreudigkeit Eine zufriedene Katze sucht regelmäßig den Kontakt zu Menschen und Artgenossen. Sie beteiligt sich aktiv am Familienleben, freut sich über Ansprache und Beschäftigung und genießt gemeinsame Kuschelzeiten.

Neugier und Spielfreude Katzen, die sich wohlfühlen, sind neugierig und fordern Artgenossen und Menschen zum gemeinsamen Spiel auf. Sie zeigen ihre Bedürfnisse auf ruhige und nette Weise an.

Räumliche Nutzung Deine Katze nutzt alle verfügbaren Räume und bewegt sich sicher und entspannt. Sie hat Lieblingsschlafplätze, wechselt aber auch zwischen verschiedenen Schlaf- und Ruheplätzen ab und nutzt gern erhöhte Beobachtungsplätze. Die berühmten „wilden 5 Minuten", in denen sie plötzlich voller Energie durch die Wohnung flitzt, sind ebenfalls ein Zeichen für ihre Zufriedenheit.

Körperliche Anzeichen Die Ohren und der Schwanz deiner Katze sind in entspannter Haltung, ihre Pupillen den Lichtverhältnissen angepasst. Ihr Fell glänzt, ist weich und glatt. Sie liegt auch gern in offener Körperhaltung frei im Raum.

Offene Türen

Deine Katze kann und sollte lernen, dass Türen auch mal zeitweilig verschlossen sind, da dies situativ sehr sinnvoll sein kann. Für Katzen ist die Revierkontrolle von großer Bedeutung. Dauerhaft versperrte wichtige Räume, können ihr Sicherheitsgefühl stark einschränken und zu Frustration und sogar Ängsten durch Kontrollverlust führen und sollten also möglichst keine Tabuzone sein. Das Schlafzimmer ist ein gutes Beispiel: Es ist gemütlich, kuschelig und warm und ein perfekter Rückzugsort in Krisenzeiten. Findet deine Katze deinen Besuch nicht gut, kann das Schlafzimmer ein geschützter Ort für sie sein.

Zeit zu zweit

Du bist ein sehr wichtiger Sozialpartner für deine Katze! Sie bindet sich eng an dich und genießt und schätzt deine Nähe sehr. Du gibst ihr emotionale Stabilität. Bedenke auch, dass du tagsüber viele Stunden bei der Arbeit bist und abends vielleicht noch eine Verabredung hast. Auch deine Katze möchte Zeit mit dir verbringen.

< Entspanntes Herumliegen in offener Körperhaltung ist ebenso wie …

∨ … fröhliches und ausgelassenes Spiel ein Zeichen, dass es deiner Katze gut geht.

Dauerhaft versperrte wichtige Räume können Kontrollverlust über das eigene Revier bedeuten.

Mein Tipp

Eine starke Beziehung zu deiner Katze basiert auf einem tiefen Verständnis ihrer Bedürfnisse und Verhaltensweisen. Durch Geduld, Liebe und Respekt kannst du eine große Verbundenheit aufbauen, die sowohl für dich als auch für deine Katze bereichernd ist.

Service

Weitere Infos für dich

Zum Weiterlesen und Weiterklicken

Bücher

- Hauschild, Christine: **Katzenhaltung mit Köpfchen.** Books on Demand
- Hauschild, Christine: **Katzenzusammenführung mit Herz und Verstand.** Books on Demand
- Hauschild, Christine: **Spielstrategien für Stubentiger.** Books on Demand
- Höppner, Maria: **Kätzchen.** Kosmos
- Rödder, Birgit: **Katzen Clicker-Box.** GU
- Schroll, Sabine: **Mehrkatzen-Haushalt.** Books on Demand

Haustierregister

- www.findefix.com
- www.tasso.net

Katzengesundheit

- www.gtvmt.de, Gesellschaft für Tierverhaltensmedizin und -therapie
- www.tierzahnaerzte.de, Deutsche Gesellschaft für Tierzahnheilkunde
- www.icatcare.org, Internationale Gesellschaft für Katzenmedizin
- www.catfriendlyclinic.org, Katzenfreundliche Tierarztpraxen und Tierkliniken
- www.felinegrimacescale.com/de, App zur Schmerzerkennung bei Katzen

Sonstige Links

- www.katzenvertrauen.de, Webseite der Autorin - Verhaltensberatung und Haltungsberatung für Katzen
- www.happy-miez.de, Onlinekurse und -veranstaltungen rund um Katzenthemen
- www.tierschutz-berlin.de, Tierheim und Tierschutzverein Berlin
- www.fensterkatzen.de, Katzenblog für Neulinge rund um die Katzenhaltung

Hochwertige Katzenmöbel und Spielzeug

- www.katzenart.com, Manufaktur für hochwertige Katzenmöbel aus Massivholz
- www.lucybalu.com, Zeitlos schöne Katzenmöbe und Zubehör
- www.stylecats.de, Design Katzenmöbel
- www.petfun.de, Katzenmöbel und Zubehör aus Massivholz
- www.cat-on.com, Design Katzenmöbel aus Kratzpappe
- www.littlepredators.com, Artgerechtes und nachhaltiges Katzenspielzeug
- www.katts.de, Manufaktur für hochwertiges Katzenspielzeug aus Bio- und Naturmaterialien

Dank

Ein herzliches Dankeschön an die großartigen Katzeneltern, deren wunderbare Katzen wir für dieses Buch fotografieren durften. Eure vierbeinigen Models machen diesen Ratgeber zu dem, was er ist.
Außerdem danke ich meinen lieben Freund*-innen, die mich in allen Phasen dieses Projektes so sehr unterstützt haben – durch mentalen Support und Motivation, Unterstützung bei schwierigen Entscheidungen oder ehrliches Feedback zu meinen Textentwürfen.

Sehr dankbar bin ich für all die Katzen, die mein Leben von Geburt an begleitet haben, allen voran mein verstorbener Kater Mohrle. 20 gemeinsame Jahre durften wir miteinander verbringen und er war derjenige, der mich schlussendlich zur Katzenpsychologie und Katzenverhaltensberatung brachte. Und natürlich meine beiden wundervollen Katzendamen Cookie und Giuliana, die seit nunmehr 12 Jahren mein Leben bereichern, mich inspirieren und von denen ich jeden Tag noch so viel mehr lernen darf.

Register

Bildnachweis

107 Farbfotos wurden von Sara Glawe/Kosmos für dieses Buch aufgenommen.
Weitere Farbfotos von AdobeStock (Evdoha 1: S. 44 u. l., ExQuisine 1: S. 19/3, FurryFritz 1: S. 26, Petra Richli 1: S. 42 r., Torkhov 1: S. 39 l., uehyo 1: S. 19/5, Елена Беляева 1: S. 41 u.), Anna Auerbach/Kosmos (6: S. 79 alle 3, 80 alle 3), Oliver Giel (2: S. 33, 46), Kim Indra Oehne/Kosmos (1: S. 36 u.), Heike Schmidt-Röger (1: S. 27 o.), Shutterstock (Anatoliy Luckich 1: S. 60 o. r., Bozena Fulawka 1: S. 19/4, cangxiong 1: S. 60 o. l., DC Studio 1: S. 21/4, Elisa Putti 1: S. 27 M., giedre vaitekune 1: S. 19/1, Goncharov_Artem 1: S. 59, Magui RF 2: S. 69 beide, Mariya Ilmaz 1: S. 60 u. l. und 71, MashaAristova 1: S. 60 u. r., Photogal 1: S. 19/7, Pixel-Shot 1: S. 68, Sophiecat 1: S. 18, suraram hag 1: S. 27 u.)

Mit 19 Illustrationen von Hanna Wenzel/Kosmos.

Impressum

Umschlaggestaltung von GRAMISCI Editorialdesign/Stefanie Wawer unter Verwendung von 7 Farbfotos von Sara Glawe/Kosmos und 6 Farbzeichnungen von Hanna Wenzel/Kosmos.

Mit 146 Farbfotos und 25 Farbzeichnungen.

Gedruckt auf chlorfrei gebleichtem Papier

Pfizerstraße 5 – 7, 70184 Stuttgart
kosmos.de/servicecenter

ISBN 978-3-440-18089-1
Redaktion: Alice Rieger
Gestaltungskonzept: GRAMISCI Editorialdesign, Claudia Geffert, München
Gestaltung und Satz: Atelier Krohmer, Dettingen/Erms
Produktion: Angela List
Druck und Bindung: Westermann Druck Zwickau GmbH, Zwickau
Printed in Germany / Imprimé en Allemagne

FSC
www.fsc.org
MIX
Papier | Fördert gute Waldnutzung
FSC® C110508